Thomas Vilgis

Wissenschaft al dente

HERDER spektrum

Band 5761

Das Buch

Harte Schnitte und brodelnde Töpfe. Haarige Spaghetti und Schaumseliges in der Espressotasse. – Wie viel Physik und Chemie verbirgt sich hinter der Küchentür? Der Polymerforscher Thomas Vilgis verrät uns die Geheimnisse der Dauerzitrone, experimentiert mit Eiweiß und Molke und lauscht gebannt dem Soundtrack der Kartoffelchips. Nachrichten von der Haut auf gekochter Milch und von der vielfältigen Gestalt der Proteine. Meditationen über die Garzeiten von Lammkotelett und Rinderbraten. Expeditionen ins Reich der Niedrigtemperaturgarung. Und eine unvergessliche Fahrt mit dem Nano-U-Boot.

Anhand eines ganz gewöhnlichen Küchentags erfahren wir Erstaunliches über die Naturwissenschaft im Kochtopf – und nicht nur dort. Mit dem Öffnen der Milchflasche am Morgen beginnt ein lehrreicher und amüsanter Streifzug durch die Welt der Kulinarik, der mit einem Beitrag über die Gastrophysik des Desserts am Abend endet. Von Emulsionen und Fetten wird berichtet, von Eiskristallen und Enzymen und von der Chemie der Aromen. Wissenschaft einmal anders. Kulinarisch lehrreich und äußerst unterhaltsam.

Der Autor

Thomas Vilgis, Professor Dr., geboren 1955, ist theoretischer Physiker am Max-Planck-Institut für Polymerforschung in Mainz. Der Redakteur der Zeitschrift „Journal culinaire“ schreibt über seine kulinarischen Experimente u. a. in „essen & trinken“ und „Häuptling Eigener Herd“.

Die Illustratorin

Anna Zimmermann wurde 1971 in Berlin geboren, wo sie auch zur Schule gegangen ist und Kunst studiert hat. Jetzt ist sie immer noch in Berlin und sitzt meist mit drei anderen Illustratoren im Atelier Petit 4 und malt Bilder für Bücher. Manchmal malt sie auch nur so zum Spaß. Dann wird es meistens ein Frosch.

Thomas Vilgis

Wissenschaft al dente

Naturwissenschaftliche Wunder in der Küche

Mit Illustrationen von Anna Zimmermann

HERDER
FREIBURG · BASEL · WIEN

Originalausgabe

3. Auflage 2009

www.herder.de

Umschlagkonzeption und -gestaltung:
R·M·E München / Roland Eschlbeck, Liana Tuchel
Umschlagmotiv: © Anna Zimmermann
Fotos des Autors und der Illustratorin: © privat

Satz: Dtp-Satzservice Peter Huber, Freiburg
Herstellung: fgb · freiburger graphische betriebe
www.fgb.de

Gedruckt auf umweltfreundlichem, chlorfrei gebleichtem Papier
Printed in Germany

ISBN 978-3-451-05761-8

Inhalt

Vorwort

Vor vielen Jahren einmal wurde das geflügelte Wort „Man nehme …“ geboren. Prächtig wuchs es heran, vermehrte sich fröhlich und fand willkommenen Eingang in eine ganz besondere Art von Druckerzeugnissen. Und war es wieder einmal erklungen, dann wusste selbst der kleine Smutje auf dem Pazifik, was die Stunde geschlagen hatte: Ein Kochbuch lag geöffnet auf dem Tisch seiner Kombüse, und ein Rezept verlangte, peinlich genau beachtet zu werden. Ob Suppe, Braten oder Fisch, unerbittlich folgte eine exakt ausgewogene, besser gesagt abgewogene Liste von Zutaten, die zum Schluss zu Suppe, Braten oder Fisch und manchmal auch zu Kohlrouladen führte. In besseren Kochbüchern fanden sich noch viele Tipps, deren Einhaltung das mühelose Gelingen der Gerichte versprach. Doch auf die Frage „Warum?“ erhielt man oft recht einsilbig die Antwort: „Das ist eben so.“ Immerhin waren die Kohlrouladen gelungen. Der Fisch allerdings, oje!

Selbstverständlich, so einfach kann man es sich machen, aber all die Wahr- und Unwahrheiten dieser Ratschläge lassen sich hinterfragen, widerlegen oder begründen, sie lassen sich sogar weiterspinnen und weiterentwickeln. Dazu müssen wir lediglich die Schürze zum Laborkittel ernennen und Schritt für Schritt in eine etwas wissenschaftlichere Welt einsteigen, die uns wie von selbst ihre faszinierenden Hintergründe offenbart. Bunsenbrenner statt Kochplatte? Das sicher nicht. Vielmehr eröffnet sich uns ein Weg, den wir am besten über feine Genüsse und guten Geschmack beschreiten. Dabei zeigen sich uns physikalische und chemische Welten einmal von ihrer kulinarischen Seite, und unter der Hand gerät der tägliche Forscherdrang zur erstaunlich vielfältigen Genussreise ohne Strapazen.

Ein ganz normaler Küchentag, beginnend mit der Frühstücksmilch und endend beim Dessert am Abend, schärft unseren naturwissenschaftlichen Blick. Plötzlich legen sich Physik und Chemie in unsere Gaumen und eröffnen bisher unbekannte Sichtweisen. Kniffe und Tricks in der Küche werden wissenschaftlich untermauert, die uns womöglich in neue, aufregende Genusswelten entführen. Selbst komplizierte gastronomische Experimente, seien sie mal mehr, mal weniger molekular, verlieren ihren Schrecken. Dann klappt's am Ende auch noch mit dem Fisch.

Angst und Schrecken in der gastrophysikalischen Küche – das darf nicht sein. Deswegen geben wir ein paar Illustrationen bei und salzen damit unsere wissenschaftliche Suppe. Der Forscher weiß: Ein Bild sagt mehr als tausend Physiker, sodass uns die Zeichnungen neben allem Augenschmaus, den sie bereiten, die mitunter komplizierte Wissenschaft aufs Beste sichtbar machen. Und selbstredend dürfen sie als Anleitung zum Selber-Basteln verstanden werden.

Vor einem ungetrübten Blick in den genussreichen Sternenhimmel kann ein intensiveres Studium der Gastrophysik und den beteiligten Naturwissenschaften nicht schaden. Damit wir wissen, wovon wir und andere reden. Man nehme ...? Ein klein wenig Gastrophysik und etwas Fantasie!

Der Autor dankt seiner Frau Barbara herzlich. Sie ist immer die Erste – beim Verkosten der Experimente sowie beim unermüdlichen Korrekturlesen der Texte. Unserem geschätzten Lektor Dr. German Neundorfer danken wir für die fruchtbare und sehr erbauliche Zusammenarbeit.

Thomas Vilgis, Anna Zimmermann, Mainz und Berlin, 2006

Ein wissenschaftlich gedeckter Frühstückstisch

Es ist wie immer: am Morgen aufstehen – das fällt schon verdammt schwer. Zur Erholung sollten wir uns erst einmal einen Schluck Milch genehmigen, und dann ab unter die Dusche. Aber ist überhaupt noch Milch im Haus? Sicher, allerdings wurde sie schon vor ein paar Tagen gekauft. Egal, den Deckel nach links gedreht, der versprochene „Knack beim ersten Öffnen" ertönt tatsächlich – doch was ist das? Als wär's ein fester Korken, verstopft ein dicker Rahmpfropfen den Flaschenhals. Ist Milch denn nicht einfach eine Flüssigkeit – oder besser eine einfache Flüssigkeit?

Die Milch macht's

Milch ist alles andere als einfach. Im Gegenteil, sie ist äußerst komplex. Und mit dem Pfropfen sind wir schon mittendrin in unserem physikalisch-chemischen Tagesausflug. Denn offenbar hat sich eine Schicht aus Fett und Eiweißen nach oben abgesetzt, gemäß dem alten Spruch: Fett schwimmt. Zwar ist ein Gramm Fett um keinen Deut leichter als ein Gramm Wasser oder in diesem Fall Molke, aber die Fettteilchen haben eine geringere Dichte – und schwimmen deshalb. Etwas Eiweiß führen sie gleich mit im Gepäck, denn Kaseine lassen sich leicht von Fett anpacken und werden nach oben getrieben. Jetzt müssen wir nur noch mit einem Löffel den Rahm abschöpfen – am besten sofort

essen –, und die Milch fließt ungehindert aus der Flasche in unser Glas.

Gleich zu Beginn ist ein Begriff gefallen, der unverständlich und ungewohnt klingt: Kaseine. Offenbar handelt es sich hier um etwas, was sich in der Milch zuhauf findet. Tatsächlich sind Kaseine die Eiweiße in der Milch, die sich in Rahm, Quark und Käse wiederfinden. Daher schwingt auch das Wort Käse in diesem Fachbegriff mit. Kaseine bestimmen jene Genüsse, die ohnehin schon auf vielen Frühstückstischen bereitstehen. Dabei gibt es in der Milch eine ganze Reihe von Kaseinen, die sich durch ihren molekularen Aufbau voneinander unterscheiden. Auch die Zusammensetzung der Aminosäuren, die Grundbausteine aller Proteine, ist für die verschiedenen Kaseine unterschiedlich. Die meisten Kaseine lieben das Fett und suchen dessen Nähe, weshalb die Rahmschicht und auch Käse immer einen natürlichen Fettgehalt aufweisen. Das werden wir aber gleich näher untersuchen müssen.

Kaum wach, und schon die erste Lektion Wissenschaft: Bereits beim Öffnen der Milchflasche zum Frühstück lässt sich erkennen, dass eine derart komplexe Flüssigkeit wie Milch – physikalisch fällt sie in die Klasse der Dispersionen oder Emulsionen – alles andere als stabil ist. Wenn Sie sich jetzt wundern und fragen, was für eine merkwürdige Milch das denn sei, mit Rahmpfropfen und derlei Sachen hätten Sie es noch nie zu tun gehabt, dann haben Sie ganz Recht. Dieses Phänomen ist vor allem bei nicht-homogenisierter Milch zu beobachten. Sollten Sie homogenisierte Milch im Kühlschrank lagern, werden Sie kaum einmal einem Pfropfen begegnen. Beim Homogenisierungsprozess werden die Fett-Eiweiß-Kügelchen mit roher Gewalt, sprich hohen Drücken und großen Geschwindigkeiten, durch eine Düse gejagt, die nur bestimmte Kugeldurchmesser zulässt. Große Kügelchen werden in der Düse auf einen bestimmten Durchmesser getrimmt, sie werden abrasiert, gequetscht und zu kleineren Kügelchen zerdrückt. Schwupp, weg sind sie. Und sie werden nicht mehr auf den Gedanken kommen, als unverbesserliche Individualisten nach oben zu steigen und sich dort womöglich als Rahm abzusetzen. Es ist wie immer: Eine homogenisierte Masse ist langweilig und bereitet keinen wahren Grund zur Freude …

Spannende und tief schürfende Geschichten, aber so früh am Morgen bereits soviel Wissenschaft? Lassen wir es lieber ruhig angehen. Jetzt sollten Sie erst mal etwas frühstücken und sich stärken.

Kaffee oder Tee? Auf jeden Fall Kakao und Obst für die Kinder. Unsere von Individualisten beherrschte Milchflasche ist geöffnet, und der abgeschöpfte Rahm bedeckt bereits das frische Obst. Also geben wir genügend Milch in einen Topf und erwärmen sie auf dem Herd. Schnell noch die Brötchen richten. Marmelade aus dem Kühlschrank, Honig auf den Tisch. Und Butter. Während wir noch überlegen, ob wir das Müsli und den Frischkornbrei lieber weglassen, zischt es plötzlich aus der Richtung des Herds. Seltsame Dunstschwaden breiten sich aus, es riecht nach verbranntem Fett und Schwefel, und uns wird klar: Die Milch ist übergekocht!

Haben diese Gerüche schon wieder mit der Zusammensetzung und Struktur der Milch zu tun? Dass Milch eine sehr komplexe Flüssigkeit ist, das ahnen wir bereits, fielen doch gerade eben Begriffe wie Eiweiße, Proteine, Kaseine. Womöglich aber verbirgt sich in ihr noch mehr, als wir mit bloßem Auge erkennen können. Grund genug, einmal ins weiße Nass zu tauchen. Könnten wir uns nach und nach verkleinern und uns in einem Nano-U-Boot auf eine Reise in die Milch begeben, so würden wir eine ganze Reihe von erstaunlichen Dingen entdecken. Na denn, los!

Nachdem wir uns klein genug gemacht haben, schwimmt unser U-Boot in einer gelb-grünen Flüssigkeit, die unser Bordlabor schnell als Wasser erkennt. Kaum verwunderlich, denn Wasser ist eines der gebräuchlichsten Lösungsmittel in der Natur. Aber dieses Wasser ist chemisch alles andere als rein; winzig kleine, eng gewickelte Fäden schwimmen darin, die sehr an eine miniaturisierte Version von Wollknäueln im Strickkorb erinnern. Wir überprüfen die Fäden anhand der Datenbank des Bordcomputers: Das müssen Eiweiße sein oder besser: Proteine, die sich im Wasser lösen. Offenbar streichen wir durch die Molke, die aus Wasser und Proteinen besteht. Diese Proteine sind spezielle Kettenmoleküle mit ganz besonderen Eigenschaften, die wir später noch näher kennen lernen werden. Während wir durch die Molke tuckern, signalisiert uns das Echolot größere Gebilde, die aus Fett und an-

deren Eiweißen, den Kaseinen bestehen. Keine Sorge, Schiffbrüche à la Titanic wird es kaum geben, denn die Trümmer sind weich und können unserem U-Boot kaum schaden. Ihr Betragen ist allerdings ein wenig merkwürdig. Immer scheinen sich diese riesigen Gebilde oder Agglomerate abzustoßen: Kaum bumsen sie aneinander, schon entfernen sie sich wieder. Das geht eine ganze Zeit lang so weiter, bis doch einmal zwei zusammenkleben und fortan gemeinsam durch die Molke schwimmen. An diesen großen Agglomeraten kommen nicht einmal die Lichtwellen ungehindert vorbei. Sie werden von ihnen in alle Richtungen mit gleicher Intensität abgelenkt oder „gestreut", sodass die Milch ihre weiße Farbe erhält.

Die relativ großen Brocken lassen nicht nur die Milch weiß erscheinen, auch für den Geschmack und viele Nährstoffe sind sie wesentlich. Zum einen bestehen sie aus Fett, zum anderen aus Proteinen. Und damit kommen wir einem sehr merkwürdigen Phänomen auf die Spur. Wie kommt es eigentlich, dass ausgerechnet die Fettteilchen im Wasser frei herumschwimmen? Normalerweise können sich Fett und Wasser nicht sonderlich ausstehen, und es wäre doch nur logisch, alle Fettteilchen würden sich – siehe Rahm – nach oben absetzen und die Molke unter sich lassen. Das haben wir schon beim Öffnen der Flasche gelernt: Fett schwimmt.

Doch unter den Kaseinen gibt es eine Sorte, die eine ganz besondere Eigenschaft hat. Ihre Moleküle mögen sowohl Wasser als auch Fett. Ein Teil dieses Proteins liebt Fett von ganzem Herzen, ein anderer Teil aber macht am liebsten mit Wasser gemeinsame Sache. Da wundert man sich kaum, dass derartige Zwittermoleküle sich gar nicht entscheiden können, in welche Richtung sie nun schwimmen mögen. Nur im Wasser? Dann wäre der hydrophobe (also der wasserängstliche oder wasserscheue) Teil höchst unzufrieden. Befände sich das Protein ausschließlich im Fett, wäre es dem wasserliebenden oder hydrophilen Teil ziemlich unwohl. Beziehungskrise oder gespaltene Persönlichkeit: Es gibt nur einen Weg,

um aus dieser grauenhaften Situation zu entkommen. Die so genannten κ-Kaseine (Kappa-Kaseine) können ihre Zwitternatur nur dann vollkommen befriedigen, wenn ihnen sowohl Wasser als auch Fett zum Anfassen angeboten wird. Der beste Ausweg liegt also darin, dass sich das Fett in Kugeln zusammenlagert, dort alle fettlöslichen Proteine gleich mit einschließt und die Oberflächen der Kügelchen jenen κ-Kaseinen zum Andocken ihres fettliebenden Molekülteils anbietet.

Wasserscheu und Liebe zum Fett? Gefühlschaos bei Proteinen? Hinter diesen vermenschlichten Begriffen verbirgt sich pure Physik. Sobald sich ein fettliebender Teil eines Moleküls im Wasser befindet, kostet das Energie. Befindet sich ein Molekül in einer „falschen" Umgebung, muss es mit großem Aufwand dort gehalten werden. Derartige Situationen sind alles andere als bequem, und die meisten Prozesse in der Natur ähneln unserem eigenen Verhalten: Sie streben nach einem Zustand des niedrigsten Aufwands oder, physikalisch ausgedrückt, der niedrigsten Energie. Der Anstrengung wird also auch hier tunlichst aus dem Weg gegangen. Und doch gibt es immer wieder Gelegenheiten, in denen sie nicht vermieden werden kann und der fettliebende Teil ins abscheuliche Wasser muss. Eine äußerst frustrierende Situation, gerade dann, wenn er aus dem Schlamassel nicht mehr entkommt. Und das kann schon einmal passieren, wie wir noch sehen werden.

Jetzt aber zurück zu den κ-Kaseinen. Diese Zwittermoleküle sind an ihrer wasserliebenden Seite geladen. Ihren hydrophoben und somit fettliebenden Teil stecken sie in die Fett-Kaseinkugeln, ihr geladenes Köpfchen dagegen ins Wasser. Die vielen Ladungen auf der Oberfläche der Fett-Eiweißtrümmer liegen aufgrund ihrer gegenseitigen Abstoßung weit voneinander entfernt. Sie sorgen auch dafür, dass andere Kugeln abgestoßen werden, sollten sich zwei dieser Fett-Kasein-Objekte einmal zu nahe kommen. Also leben die Kugeln in der Regel als Singles, bleiben getrennt. Es sei denn, ihre Größe fällt zu unterschiedlich aus und die Ladung auf den Oberflächen ist nicht gleichmäßig verteilt. Wie beim Rahm auf nicht-homogenisierter Milch.

Praktische Physik, denn die Milch macht hier etwas, was wir unter „Stabilisierung von Dispersionen und Emulsionen“ einordnen können. Und damit befinden wir uns mitten in der Welt der technischen Anwendungen. Eine ganz ähnliche Physik mit allem Drum und Dran können wir nämlich in Farben, etwa dem Weiß für unsere Küchenwände, entdecken. Auch dort müssen die Farbpartikel immer frei im Wasser (sofern es wasserlösliche Farben sind) herumschwimmen, ohne sich großartig zusammenzuklumpen. Die Partikel sind frei „dispergiert“, und so erklärt sich auch der Name dieser „Dispersionsfarben“. Milch und Dispersionsfarbe: zwei völlig unterschiedliche Substanzen, aber eine sehr ähnliche Physik. Und was glauben Sie: Stünden zwei Gläser mit weißem Inhalt auf Ihrem Frühstückstisch, könnten Sie dann auf den ersten Blick sagen, in welchem sich die Milch und in welchem sich die Farbe befindet? Wollen wir wetten?

Das Küchenfenster ist geöffnet, und langsam hat sich der schlechte Geruch verzogen. Üble und schweflige Gerüche in der Küche sind übrigens immer ein Zeichen für Hardcore-Chemie. Die Eiweiße bestehen aus Aminosäuren, von denen viele Schwefelverbindungen sind. Beim Kontakt der Milch mit heißen Herdplatten können wir das direkt erschnuppern. Schwefelatome verabschieden sich aus den Aminosäuren und verbinden sich mit Wasserstoff zu Schwefelwasserstoff.

Der Stoff, aus dem auch Stinkbomben sind und der in unappetitlichen Verdauungsgasen eine nasenfüllende Rolle spielt. In wesentlich höherer Konzentration allerdings.

Was passiert eigentlich, wenn wir Milch erhitzen? Temperatur bedeutet immer Energie, und je mehr der Milch eingeheizt wird, desto größer wird ihr Energieinhalt. Machen wir die Probe: Noch einmal ein Topf mit Milch auf den Herd und zurück in unser Nano-U-Boot: Immer schneller bewegen sich die Teilchen und Moleküle um uns herum, und auch unser U-Boot ist immer mehr den Stößen der uns umgebenden Moleküle ausgesetzt. Unsanft werden wir in zufällige Richtungen umhergeschubst und unterliegen einer anwachsenden Brownschen Bewegung, also jener unregelmäßigen Zitterbewegung von Molekülen und Schwebepartikeln, die durch Schubsen und Stoßen unter einer bestimmten Temperatur zustande kommt. Erhöht sich die Temperatur, nimmt auch die Heftigkeit der Stöße zu, und die Moleküle und Teilchen bewegen sich immer schneller. Somit beginnen sich auch die κ-Kaseine immer heftiger zu bewegen. Sie haben nun soviel Energie, dass sie immer wieder der Grenzfläche zwischen Fett und Wasser entfliehen können. Pech für den fettliebenden Teil, denn der muss nun mit in der Molke, also im Wasser herumschwimmen. Das ist für ihn zwar ungünstig, wird aber durch den Gewinn der Freiheit, im ganzen Milchbottich umherschwimmen zu können, belohnt. Bei seinem Freiheitsgang gewinnt das Molekül eine riesige Menge an Entropie, was heißt: Es kann sich freier bewegen. Nur diese Bewegungsfreiheit lässt es zu, dass sich die hydrophoben Teile im Wasser befinden. Damit dies aber nur sporadisch passiert und die Milch nicht sofort gerinnt, ließ sich die Natur beziehungsweise die Kuh etwas Besonderes einfallen. Sie gibt Kalziumionen dazu, die sich an den Kaseinen festklammern und deren Freigang dadurch erheblich einschränken. So bleiben die Kaseingebilde sehr stabil und gehen erst bei Temperaturen von über 100 Grad Celsius vollständig zu Bruch. Und das ist auch gut so, denn sonst könnten wir die Milch überhaupt nicht kochen. Was übrigens auch Cappuccino-Trinkern sehr entgegen kommen wird. Dazu gleich mehr.

Selbst während des sanften Kochens geht es den Proteinen in der Molke, den so genannten Lactoalbuminen, an den Kragen. Diese wasserlöslichen Proteinkugeln werden durch weit geringere molekulare Kräfte zusammengehalten. Da sich dahinter ein sehr allgemeines Prinzip verbirgt, werden wir dies noch genauer betrachten. Generell gilt: Wenn es den Proteinen zu warm wird, dann reichen die Kräfte für den Zusammenhalt nicht mehr aus. Und es passiert in etwa das, was wir in heißen Sommern tun. Wir falten uns komplett auf, recken Arme und Beine möglichst weit von uns weg, um uns mit frischer, kühler Luft zu umgeben. Wird es wieder kälter, winkeln wir Arme und Beine möglichst eng an unseren Körper. Natürlich hinkt dieser Vergleich vielfach, aber als Eselsbrücke mag er einmal stehen bleiben. In dem immer wärmer werdenden Milchtopf auf dem Herd entfalten sich die Proteine zu langen Fäden. Diese werden vom Topfboden an die Oberfläche getrieben, sammeln unterwegs noch etwas größere Fett-Kaseintrümmer auf und bilden an der Milchoberfläche ein lockeres Netz, das aussieht wie ein stark mitbrodelnder Deckel.

Sollte der Frühstücksverantwortliche spätestens jetzt nicht umrühren, dann kocht die Milch gnadenlos über. Denn von unten kommen immer mehr Dampfbläschen samt Proteinen nach oben, blubbern unter dem sich weiter wölbenden Netz, bis dies dem Druck nicht mehr standhalten kann. Und schon kriecht die Milch über den Topfrand, und das Desaster am frühen Morgen ist perfekt.

Aber im Gegensatz zu mancherorts sich hartnäckig haltenden Gerüchten ist die Milchhaut, das Gebilde aus Fett und Eiweiß, nicht weiter schlimm. Sicher, so manchem ekelt davor, und insbesondere Kinder lassen gern ein lautes „Iiiiihhh!", gefolgt von einem nicht minder wütenden „Igitt!!" vernehmen. Doch dafür gibt es eigentlich keinen Grund. Die Haut kommt aus der Milch, und sie lässt sich sogar wieder hineinrühren, kann sich also wieder in der Milch auflösen. Und das ist keine Hexerei. Es gilt: Was vorher drin war, geht auch wieder rein, sofern es mit einem Schneebesen dazu gezwungen wird. Dabei wird das lockere Netz soweit wie möglich wieder aufgedröselt, die Molekülverbände werden kleiner und können sich wieder besser in der warmen Milch verteilen.

Aber was wollten wir eigentlich mit der heißen Milch? Genau, das Kakaopulver wurde schon in die Tassen gegeben und wartet nur darauf, mit Milch überschüttet zu werden. Bevor aber die heiße Milch über den Kakao – ein granulares Material, ähnlich dem gemahlenen Kaffee – gegeben wird, lauschen wir gebannt dem Knacken der trockenen Cornflakes, indem wir eine Handvoll in den Mund nehmen und genussvoll und für jeden hörbar darauf herumknurpseln. Wie Idefix auf seinem Knochen. Dieses typische Krachen oder Knacken ist entscheidend für das knusprige Gefühl. Dass dabei der „Sound“ gar bestimmten physikalischen Gesetzen folgen muss, wird uns später klar, am Abend, beim Aperitif mit Kartoffelchips.

Hüttenkäse hausgemacht

Nachdem die Mich schon warm ist, könnten wir eigentlich gleich ein paar Vorbereitungen für später treffen. Wir stellen etwas Hüttenkäse her. Diese Entmischung von Fett zum einen, Eiweiß und Molke samt Molkenproteinen zum anderen, können wir beschleunigen, indem wir der warmen Milch (etwa 1 Liter) einen 500-Gramm-Becher Joghurt zugeben. Joghurt ist nichts anderes als eine essbare Säure, wie Essig, nur etwas schwächer. Was aber macht Säure aus und wieso empfinden wir sie mal mehr und mal weniger „sauer“? Das liegt vor allem an einer gemeinsamen Eigenschaft aller Säuren: Sie setzen Wasserstoff frei. Aber nicht etwa atomaren Wasserstoff, Gott behüte, sondern Wasserstoff, dem sein einziges Elektron gestohlen worden ist. Der Physiker spricht vom Proton H^+.

Dieses elektronenlose Dasein ist nicht der günstigste Zustand, weswegen die Wasserstoffprotonen versuchen, koste es, was es wolle, ein Elektron einzufangen. Übrigens treibt selbst unser ganz normales Wasser H_2O dieses Spiel. Immer zerfällt es in ein H^+ und ein OH^-, um sich zugleich wieder zu H_2O verbinden, sodass wir es gar nicht erst merken. Bei Säuren spüren wir die Protonen dagegen deutlich. Wir empfinden „sauer". Und bei Basen liegt der Schwerpunkt auf der Seite des OH^-. Je mehr Protonen eine Säure freisetzt, desto saurer wirkt sie auf unsere Zunge. So richtig gefährlich wird das bei starken Säuren, etwa bei reiner Salzsäure. Dort sind die Protonen derart zahlreich, dass alle „ihr" Elektron wieder haben möchten. Würden wir sie in den Mund nehmen, so würden sie sie uns sogar aus den Bestandteilen unserer Zunge reißen. Die Folgen wären schwere Verätzungen.

Physikalisch treiben die Protonen der eher zarten Milchsäure des Joghurts ein wesentlich kulinarischeres Spiel: Sie schwächen die abstoßende Wirkung der κ-Kaseine; die Fett-Kaseincluster vereinigen sich zu größeren Verbänden, die immer mehr koagulieren. Das heißt, immer mehr davon lagern sich zu größeren Aggregaten zusammen. Daher flockt die Milch aus, und es bilden sich große, weiße Gebilde, die in einer gelblich werdenden Molke schwimmen. Diesen „Käsebruch" können wir auffangen und abtropfen lassen, und schon haben wir einen locker flockigen Hüttenkäse, dessen reiner und intensiver Milchgeschmack überzeugt. Die Flocken können Sie übrigens pressen (etwa mit einem schweren, mit Wasser gefüllten Topf), dann bekommen Sie eine „Camembertform". Der Käse ist sogar schnittfest, und seine Würfel können angebraten werden, ohne dass sie zerfallen oder schmelzen. Denn die darin enthaltenen Proteine halten den Käse so fest zusammen wie ein prall gefülltes Einkaufsnetz die Waren aus dem Laden um die Ecke. So fügt die „perfekte indische Hausköchin" in ihr Curry – etwa in matter paneer, oder saag paneer – gebratene Würfel dieses Käses als proteinhaltige und geschmackliche Dreingabe hinzu, ohne dass sie schmelzen. Oder sie reicht ihn schlicht zu gegarten Kichererbsen. Die Milch darf vor dem Kochen gewürzt werden: Salz, Pfeffer, Cumin, je nach Lust und Laune, dann ist der Blitzkäse schon entsprechend vorgewürzt. Aber das wären dann eher Frühstücksgeschichten aus dem Punjab. Falls Sie den Hüttenkäse lieber süßlich wünschen, schmeckt er auch mit Zucker. Zusammen mit Frischobst ist der Blitzkäse aus Eigenproduktion ein purer Genuss und ein einfaches, aber wirkungsvolles Powerfrühstück.

Dass die Molke eher grünlich transparent erscheint, ist übrigens ein sichtbarer Beweis des physikalischen Phänomens der vollständigen Ausflockung der Milch. In der Molke schwimmen jetzt keine großen Fett- und Kaseincluster herum. Daher wird das Licht nicht mehr in alle Richtungen gestreut, sondern kann mehr oder weniger ungehindert durchscheinen. Die Restbestände der Molke, etwa Molkenproteine, absorbieren lediglich einige Wellenlängen, was eben die grüngelbliche Farbe erklärt. Jetzt aber schnell zum Kakao.

Kakao – entfettetes Pulver mit Schokogeschmack

Immer diese Klumpen! Kaum wird die heiße Milch über den Kakao gegossen, schon bilden sich Klumpen, die sich selten wieder auflösen lassen. Das ist lästig, sieht aber auch verdächtig nach hochinteressanter Wissenschaft aus. Anlass genug, genauer auf den Kakao zu schauen. Es gilt: Kein Kakao und keine Schokolade ohne Kakaobohnen. Die wachsen auf Bäumen, müssen gepflückt und anschließend vom Fruchtfleisch befreit werden, bis man zu ihren Samen vorgedrungen ist. Und diese Samen bilden die Grundlage für den unglaublichen Schokoladengenuss mit seinem typischen Geschmack und Geruch, der eigentlich nur die eine Aufgabe hat: Uns die Münder wässerig zu machen. Womit wir schon bei unserem Problem sind: Die Bohnen enthalten unter anderem Fett, und das mag bekanntlich Wasser überhaupt nicht und löst sich erst recht nicht darin auf. Schon wieder also der Konkurrenzkampf Fett gegen Wasser.

Aber der Reihe nach. Zunächst werden die gerbstoffreichen rohen Kakaobohnen fermentiert, das heißt, sie werden einer ähnlichen Gärung unterzogen, wie wir sie vom Alkoholsektor her kennen: Zucker wird zu Alkohol vergoren, woran sich, überlässt man die Gärprozesse sich selbst, stets eine Essigsäurengärung schließt. Komplizierte chemische Vorgänge, die vorwiegend nur dem einen Ziel dienen: die Gerbstoffe zu verringern, um die Bohne für den Genuss bereitzustellen. Das Wort „Gerbstoffe“, worunter übrigens auch so genannte Phenole fallen, lässt es in unseren Ohren klingeln. Sie finden sich in etlichen Genussmitteln wieder, die das Herz vieler Feinschmecker höher schlagen lassen: Wein, Kaffee, grüner Tee – oder auch viele der zuweilen äußerst lieblos von Ernährungsfachleuten als sekundäre Pflanzenwirkstoffe deklarierten Verbindungen, die angeblich, nehmen wir sie nur in Maßen und nicht in Massen zu uns, unsere Gesundheit positiv beeinflussen. Als sekundäre Pflanzenwirkstoffe werden gern alle chemischen Verbindungen bezeichnet, die nicht zu

Ballaststoffen oder Stoffen mit offensichtlichem Nährwert beitragen. Dazu gehören Vitamine, aber auch Farbstoffe und Radikalfänger. Und eben auch die kryptische Molekülgruppe der Phenole. Eine genaue Definition gibt es bisher nicht, zumal Apfel, Weintraube oder Schokolade aus chemischer Sicht mehr bieten als nur Kalorien und Genuss. Zugegeben, das klingt etwas schwammig. Aber sei's drum ...

Entscheidend ist das Temperaturprogramm, dem die Kakaobohne im Verlauf der Gärung ausgesetzt ist. Während der ersten Phase steigt die Temperatur bis etwa 50 Grad. Dabei wird unter Sauerstoffausschluss vergoren, weswegen kein Alkohol entsteht, sondern, wie bei jeder Gärung, lediglich Kohlendioxid und Wasser. Und dieses Wasser wird gebraucht, denn es kann zwischen den Phenolen und den Proteinen der Bohne Brücken bilden und die Phenole so fester an den Proteinverband knüpfen. In dem sich anschließenden Prozess wird der Sauerstoff nicht mehr ausgeschlossen, sodass sich mittels einer sehr komplizierten Chemie neue Verbindungen bilden. Unter anderem auch der unsere Nasen süchtig machende Schokoladenduft. Das Molekül, das diesen hochanregenden Geruch verursacht, nennt sich übrigens ganz unromantisch 5-Methyl-2phenyl-hex-2-enal. Falls Ihnen die nächste „Praline zuviel" wieder ein schlechtes Gewissen bereitet, versuchen Sie einfach, sich an diesen Molekülnamen zu erinnern. Die intellektuelle Leistung wird Ihr zu Unrecht schlechtes Gewissen schnell beruhigen. Nach abgeschlossener Fermentierung befindet sich in der Kakaobohne kaum noch Zucker. Wie in einem sehr trockenen Wein wird die Saccharose der Pflanze fast vollständig vergoren. Dafür liegen vor: Fett in Form der berühmten Kakaobutter, längere Kohlenhydratmoleküle, denen die Gärung nichts anhaben kann, Zellulose, das kakaotypische Theobromin und selbstverständlich Proteine. Ach ja, auch ein Zuviel an Wasser.

Deshalb werden die Bohnen nach erfolgreich verlaufener Fermentierung getrocknet, wobei der Wassergehalt gedrückt wird. Dann sind die Bohnen für den Röstprozess bereit, wobei die Maillardreaktion – das ist der chemische Fachausdruck für Röst- und Bräunungsprozesse jeglicher Art – weitere Geschmackstoffe erzeugt. Die gerösteten Bohnen werden gemahlen und dabei auf winzige Bruchstücke von 20 bis 30 Mikrometer zerkleinert. Das sind lediglich 0,002 Millimeter. Der auf diese Weise entstandene Kakaobruch wird dann noch bei etwa 100 Grad gepresst, wobei die Kakaobutter abgetrennt werden kann. Der übrig gebliebene Kakaobruch ist also „entölt," was auf fast jeder Packung zu lesen steht. Je mehr der Kakao entölt ist, desto weniger erinnert er an Schokolade. Aber damit noch nicht genug, das Kakaopulver muss sich ja möglichst weit in der Milch verteilen und seine Geschmacksstoffe an die Milch abgeben. Deshalb braucht Kakao immer Zusätze, die die winzigen Kakaoteilchen in der Milch schweben lassen. Man setzt zum Beispiel Pottasche oder Magnesiumoxid dazu. Damit diese Zusatzstoffe aber den Schoko- oder Kakaocharakter geschmacklich nicht verfälschen, müssen sie wieder neutralisiert werden, was eine Zugabe von Wein- oder Zitronensäure erfordert. Und schließlich wird das Schwebeverhalten der Kakaoteilchen noch durch Zugabe des Kohlenhydrats Carageen positiv beeinflusst. Carageen klingt schlimm, ist es aber nicht, denn es wird schon lange als pflanzliches Gelier- und Verdickungsmittel verwendet und ist von der „Molekulargastronomie" gerade in letzter Zeit für Spezialeffekte entdeckt und entsprechend geadelt worden.

Um mit Kakao möglichst nahe an einen echten Schokoladengenuss zu kommen, ist es besser, schwach entöltes Pulver zu verwenden. Noch besser wäre es wahrscheinlich, gleich geriebene Schokolade in der heißen Milch aufzulösen. Denn die Milch bietet der Schokolade physikalisch gesehen eine ausreichende Grundlage, um sie zu lösen: Die Kakaobutter kann sich zum Milchfett gesellen, die Kohlenhydrate werden vom Wasser, also der Molke, aufgefangen. Und was dann noch frei bleibt, bildet mit den Lactroalbuminen, die sowohl hydrophile als auch hydrophobe Aminosäuren enthalten, lockere Komplexe. Außerdem schmeckt es deutlich besser als gelöstes Kakaopulver und ist letztlich jenes Originalgetränk, das jeder Franzose unter „chocolat chaud", also heißer Schokolade versteht. Deshalb finden sich in jeder vernünftigen Chocolaterie immer kleine Beutelchen mit feinen, dunklen Schokoflocken, die nur darauf warten, mit heißer Milch überschüttet zu werden.

Der Toast mit Butter und Honig

Eine Scheibe Toast mit viel guter Butter und duftendem Honig, wer kann da schon widerstehen? Diese Kombination von Textur und Aromen ist der Frühstücksklassiker schlechthin. Ein Klassiker, der uns schon wieder verschiedene Elemente präsentiert, die wir mit wissenschaftlichem Auge betrachten wollen. Zuerst die Butter auf den Toast geschmiert. Verdammt, ist die noch fest! Leider haben wir vergessen, sie aus dem Kühlschrank zu nehmen. Aber wieso ist Butter eigentlich fest? Es handelt sich doch nur um Fett …

Ein etwas voreiliger Schluss. Wie jedes Kind, das nicht daran glaubt, dass Kühe lilafarben und mit weißen Flecken vor weißen Bergen herumstehen, weiß, kommt gute Butter von der Milch. Also muss Milch auf irgendeine Art und Weise verfestigt worden ein. Den Weg dazu wies uns schon der Rahm. Diese Ansammlung von Fett und Kasein – deutlich fester als Milch – ist sicher ein Schritt in die richtige Richtung Butter. Und der Blick auf das Papier, in dem die Butter eingewickelt war, bestätigt es: ca. 84 Prozent Fett, 15 Prozent Wasser, der Rest besteht aus Eiweiß und anderen Kleinig-

keiten. Vitaminen zum Beispiel, solche, die sich gern in Fett lösen, also A und E. Aber lassen wir das heute einmal. 15 Prozent Wasser – das ist eine ordentliche Menge. Wo steckt die bloß? Sehen können wir das Wasser kaum, es sei denn, wir drücken an der Butter einmal fest mit einem Messer herum. Dann beobachten wir manchmal, wie kleine Wassertröpfchen austreten.

Daraus können wir schließen, dass das Wasser fein in der Butter verteilt ist. Und zwar gerade umgekehrt wie in der Milch. Dort war das Fett fein verteilt. „Umgekehrt", das ist das Zauberwort. Denn tatsächlich wurden die Phasen Fett und Wasser umgekehrt, weshalb der Physiker auch gern von Phasenumkehr spricht. Aber wie funktioniert das? Bei der Milch sprachen wir davon, dass die Kasein-Fettteilchen durch die negativ geladenen κ-Kaseine stabilisiert werden, weil diese Ladungen gern zum Wasser zeigen. Dann müssten sie sich ja irgendwann einmal umstülpen, damit jetzt die fettliebenden Molekülschwänze nach außen zeigen und die geladenen Kaseinköpfchen sich nach innen zu den winzigen Wassertröpfchen richten. Stimmt genau, sonst wären die winzigen Wassertröpfchen in der Butter nie so stabil und fein verteilt. Jetzt haben wir auch einen anderen Namen für Butter, der vielleicht nicht ganz so angenehm klingt: Wasser-in-Fett-Emulsion. Folgerichtig ist die Milch eine Fett-in-Wasser-Emulsion. Umgekehrt eben. Dieses Umkehren und das dabei vonstatten gehende Umstülpen der grenzflächenaktiven Moleküle benötigt Energie. Also müssen die Milch beziehungsweise der Rahm geschlagen werden, um die Fetttröpfchen so nahe aneinander zu bringen, dass sie überhaupt eine Chance haben, sich zu größeren Verbänden oder Aggregaten – Physiker sagen auch gern „Cluster" – zusammenzulagern. Diese Vielzahl von physikalischen Vorgängen wird unter dem milchwirtschaftlichen Begriff „Buttern" zusammengefasst. Danach erfolgt das Kneten, also das Emulgieren. Kühlt die Butter ab, so bilden sich winzige Fettkristalle, soweit die Molekülstruktur der Fettsäuren das zulässt. Wie alle Kristalle sind auch diese Fettkristalle hart. Folglich ist die Butter teilweise kristallisiert und weniger streichfähig. Erst wenn die Kristalle wieder aufgeschmolzen sind, kann die Butter ohne Schwierigkeiten auf den Toast gestrichen werden.

Die Kristallisation der Fette in der Butter ist übrigens äußerst komplex, denn das tierische Fett besteht nicht aus einer einheitlichen Fettsäure. Sobald viele verschiedene Moleküle in eine regelmäßige Form wie die eines Kristalls eingebunden werden sollen, geht das nur beschwerlich. Somit sind die Kristalle in der Butter sehr vielschichtig und auch nicht so perfekt, wie dies bei Salzkristallen möglich ist. Sie sind, um einmal einen Fachausdruck zu verwenden, polymorph.

Honig – zuckersüße Physik

Derart komplizierte Kristalle von Fettsäuren, die – außer ein paar Kalorien – nebenbei noch eine ganze Menge Fettphysik enthalten, sind uns zu dieser frühen Stunde etwas zu heftig, zumal uns sofort ein weiteres Kristallproblem über den Frühstückstisch läuft: der Honig. Der ist nämlich leider schon wieder fest geworden, und das Glas, besonders der Rand, strotzt nur so von Kristallen. Ein altbekanntes Problem. Endlich möchten wir unseren Honig verstehen. Was um Gotteswillen geht in ihm vor, dass er nach einiger Zeit mehr oder weniger kristallisiert? Und wieso bleiben manche Honigsorten fast bis in alle Ewigkeit flüssig?

Nüchtern betrachtet, ist Honig nichts anderes als Blütennektar – oder Tau, etwa beim Tannenhonig –, den fleißige Bienen aufsaugen, in einer Honigblase sammeln und dabei mit bieneneigenen Enzymen versehen. Vor allem mit Saccharase und Glucoseoxidase, die bei der Honigreifung Gutes tun. Danach spucken die Bienen das Enzym-Nektargemisch wieder aus. Honig ist also nichts weiter als Bienenspucke. Aber bevor Ihnen jetzt der Appetit vergeht, lassen wir diese blödsinnige, wenn auch gar nicht so falsche Sichtweise lieber und widmen uns wieder der Physik und Chemie des köstlichen Aufstrichs.

Honig besteht aus Zucker, der mittels der Bienenenzyme aus dem Nektar gewonnen wird. Aber Zucker ist nicht gleich Zucker. So süß es uns schmeckt, so kompliziert ist dieses Molekül, von der Fachwelt auf den Nachnamen „ose“ getauft. Die Vornamen der Familie Zucker sind weit gestreut: Gluc, Fruct, Dextr, Malt, Saccha und so weiter heißt man dort. Schon allein daran lässt sich erkennen, dass Zuckergeschichten immer etwas komplizierter sind, als man dem täglichen Süßmittel zutraut. Honig ist allerdings ein relativ einfaches Beispiel, denn im Wesentlichen besteht er aus lediglich zwei Zuckern, der Glucose und der Fructose. Allerdings variieren deren Anteile je nach Honigsorte. Manchmal gibt's mehr Fructose, manchmal mehr Glucose. Und selbstverständlich Wasser, das auch hier als Lösungsmittel für die Zuckermoleküle bereit steht. Damit reduzieren wir Honig auf ein Dreikomponentensystem – Wasser, Glucose, Fructose –, das uns in die Physik eines Gemisches und dessen Kristallisationsverhalten entführt.

Dabei fällt zuallererst die Dickflüssigkeit des frischen Honigs auf. Honig ist, um das passende Fremdwort zu gebrauchen, sehr viskos. Aus rein physikalischer Sicht ist er nichts weiter als eine übersättigte Zuckerlösung. Was heißt, dass mehr Zucker – also Gluc- oder Fructose – im Wasser gelöst ist, als bei Zimmertemperatur eigentlich möglich. Sie können das übrigens problemlos in einem kleinen Experiment nachbauen, indem Sie viel Haushaltszucker, etwa ein Kilogramm, unter Aufheizen in einem Liter Wasser lösen und dadurch einen dicken Sirup herstellen. Ohne Aufheizen ginge das gar nicht, soviel Zucker würde sich nicht in Wasser lösen. Also muss dem mit hoher Temperatur nachgeholfen werden. Der Sirup ist danach sehr zähflüssig, ähnlich wie der Honig. Wenn Sie diesen Sirup, den Sie wegen seines hohen Siedepunkts übrigens zum „Frittieren" von Früchten verwenden können, abkühlen lassen, bilden sich mitunter große Kristalle, die wunderbar anzusehen sind. Aber Haushaltszucker ist jetzt nicht das Thema, denn anders als Honig besteht er immer nur aus einem Zuckermolekül, der Saccharose.

Honig ist, wie gesagt, ein Mischsystem und damit etwas komplizierter. Das sehen wir bereits mit bloßem Auge: Sobald Honig kristallisiert, entstehen meist eine flüssige Schicht auf der Oberfläche und ein kristalliner, glucosehaltiger Bodensatz. Hätten wir ein Analysegerät dabei, könnten wir erkennen, dass der flüssige Anteil eher fructosehaltig ist, die Kristalle hingegen eher glucosehaltig. Wir schließen daraus:

Glucose kristallisiert besser als Fructose. Nach einer gewissen Zeit suchen sich in dem zähflüssigen Honig die Glucosemoleküle, um einen Kristall zu bilden. Dieser Zustand ist physikalisch bevorzugt, und im Idealfall finden alle Glucosemoleküle zusammen und bilden ihren Kristallverband. Damit dies aber funktioniert, müssen die Mengenverhältnisse stimmen. Da scheint es nur logisch, dass glucosereiche Honige komplett durchkristallisieren und ganz fest werden können. Die entscheidende Rolle spielen das Mischungsverhältnis Fructose zu Glucose sowie die Wassermenge, in der sich beide Zuckermoleküle verteilen.

Sobald der Glucoseanteil etwa doppelt so hoch ist wie der der Fructose, kristallisiert der Honig. Liegt das Verhältnis unter etwa 1,6 bis 1,7, bleibt der Honig dagegen flüssig. Denn dann können sich aufgrund des hohen Fructoseanteils die Kristalle nicht mehr ungestört bilden. Honig ist damit nichts anderes als ein frühmorgendliches Beispiel eines thermodynamischen Mischsystems, das je nach Mischungsverhältnis seine „Phasen", sprich seinen Zustand ausbildet. Wo genau Kristalle entstehen, wird durch kleine Verunreinigungen bestimmt, etwa durch mikroskopisch kleine Partikel, Staub, Pollen oder kaum vermeidbare kleine Luftbläschen. Diese „Störstellen" sind stets der bevorzugte Anlass für die beginnende Kristallisation. Sie wirken regelrecht als Kristallisationskeime. Dort lagern sich Glucosemoleküle an, bilden winzig kleine Kristalle, die, sollten Temperatur und Umgebung stimmen, schnell wachsen. Daraus schließen wir messerscharf: Viele solche Kristallisationskeime sind von Vorteil, denn es werden sich viele, aber sehr kleine Glucosekristalle bilden. Wenige Störstellen führen zu wenigen, dafür aber zu großen Kristallen. Der Honig ist also nicht sonderlich streichfähig, und die riesigen Kristalle zerknirschen höchst unkulinarisch zwischen den Zähnen.

Trickreiche Imker können dem Honig regelrecht ansehen, ob er kristallisiert oder nicht. Sie müssen lediglich dessen Fructose- und Glucosekonzentration bestimmen. Schon wissen sie es. Andererseits kann der Imker seinem Honig beziehungsweise der darin enthaltenen Glucose auch „befehlen“, er möge bitteschön nur in eine bestimmte Kristallform gehen, also möglichst klein, möglichst fein und möglichst gleichmäßig verteilt. Dazu „impft“ er seinen Honig mit bestimmten Kristallen. Diese wirken ähnlich wie Verunreinigungen als Keimzelle. Durch ihre genau festgelegte Struktur und Größe diktiert der Imker den Kristallen, die später entstehen werden, Struktur und Größe. So wird selbst im Honig nichts den thermodynamischen Zufällen überlassen. Der Honig wird sehr feinkristallin und, durch anschließendes professionelles Rühren, zu einem cremigen Genuss werden.

Jetzt ist aber genug gefrühstückt, schnell Tasche gepackt und ab durch die Mitte.

Noch ein Ei gefällig?

Sicher haben Sie während des Frühstücks Ihr geliebtes Ei vermisst, auf das vor allem hartgesottene Frühstücksfans kaum verzichten wollen. Keine Sorge, es soll Ihnen nicht vorenthalten werden, schon gar nicht aus unbegründeter Furcht vor Cholesterol oder aufgrund anderer Schauergeschichten, die man sich vom Ei erzählt. Es wäre lediglich viel zu schade ums Ei, würden wir es als schlichte Frühstücksbeigabe abtun; dazu schmeckt es einfach viel zu gut. Und auch bei etlichen anderen Anlässen sind Eier viel mehr als nur nützliche und schmackhafte Zutaten. Uns Küchenwissenschaftlern zum Beispiel bietet das Ei die ideale Gelegenheit, unser Wissen über Proteine aufzupolieren. Außerdem ist es ein wunderbares Modellsystem für angewandte Gastrophysik. Übrigens ist es gar nicht so dumm, auf das Ei bereits am frühen Morgen zu sprechen zu kommen, denn Proteine werden uns noch den ganzen Tag über den Weg laufen. Und das Ei ist schlicht und ergreifend das Modellsystem für grundlegende Proteinphysik.

Glibber mit Albuminen

Im Ei befindet sich eine ganze Reihe von Molekülen, und die haben es in sich. Nicht nur küchentechnisch, sondern auch aus rein wissenschaftlicher Sicht. Beginnen wir mit der Schale. Sie ist ein gar wundersames Gebilde. Alle, die einmal Peter Mayles Geschichten aus der Provence oder einschlägige französische Kochliteratur gelesen haben, wissen, wie porös Eierschalen sind: Sperren Sie Eier mit ein paar ordentlichen Trüffelstücken in ein Glas, dann duften die Eier nach ein paar Tagen intensiv nach Trüffeln. So können Genießer, die sich im Winter einen Trüffel der ordentlichen Sorte (tuber brumate, tuber melanosporum) leisten, zweimal in den Genuss des Klassikers Trüffelomlette kommen. Mit und ohne

Trüffel – und doch mit natürlichem Trüffelaroma. Das Prinzip ist ganz einfach. Die Eierschalen – sie bestehen im Wesentlichen aus Kalziumkarbonat – sind poröse Materialien. Für bestimmte Moleküle sind sie durchlässig, für andere nicht. Wasser und Salze (also Natrium- und Chlorionen) dringen kaum beziehungsweise nur extrem langsam durch Schale und Schalenhaut, gasförmige Duftstoffe jedoch schneller. Sie aromatisieren Eiweiß und Dotter.

Mit dem Eiweiß sind wir mitten im Ei angelangt, nämlich bei seinem Inhalt. Aber auch bei einer kleinen sprachlichen Ungenauigkeit. Doch lassen Sie uns erst einmal schnell ein Spiegelei zubereiten. „Was?“, werden Sie jetzt vielleicht protestieren, „Für das trivialste aller Gerichte soll hier Platz vergeudet werden?“ Nur keine Aufregung. Im Trivialen verbirgt sich häufig eine Menge Interessantes. Das Spiegelei etwa lehrt uns allerhand Grundsätzliches über das Verhalten von Eiweißen. Und schom sind wir bei der angedeuteten Sprachverwirrung: Eiweiß – Protein: Wo liegt da der Unterschied? Antwort: deutsche Sprache schwere Sprache. Eiweiß ist nichts anderes als Protein. Es bezeichnet aber nicht das, was wir im Allgemeinen als das Weiße im Ei ansehen. Weshalb wir dies im Folgenden auch nicht Eiweiß, sondern Eiklar nennen werden. Alles klar?

Eben nicht. Sobald wir nämlich das Ei aufschlagen und es vorsichtig in die heiße Pfanne gleiten lassen, sehen wir deutliche Unterschiede: Eiklar ist nicht gleich Eiklar. Offensichtlich garen die Eiweiße im Eiklar einmal schneller, ein anderes Mal langsamer. Jenes Eiklar, das sich sehr schnell in der Pfanne verteilt, gart eher schnell. „Na und?“, grummelt da manch ein hungriger Zeitgenosse. „Ist doch egal.“ Im Gegenteil, dahinter verbirgt sich mehr an Wissenschaft, als der ein oder andere Freund des Spiegeleis vermutet. Schnell fließend bedeutet weniger zäh oder viskos. Das Eiklar rund um den Dotter ist dagegen zäher und will kaum in die Pfanne fließen. Was hat es damit auf sich? Offenbar besteht das Eiklar aus mehreren Proteinsorten.

In diesem Gemisch aus verschiedenen Proteinen ist auch Wasser in rauen Mengen enthalten, was sich einfach nachweisen lässt, indem Sie einen Glasdeckel oder auch nur eine Glasplatte über die heiße Pfanne halten. Rasch beschlägt diese mit Dampf, der schnell kondensiert und dabei Wassertropfen bildet. Wasser an sich ist sehr flüssig und überhaupt nicht zäh. Folglich muss die Veränderung der Viskosität, also der Zähigkeit, von den Proteinen herrühren. Intuitiv wissen wir: Sobald sich etwas im Wasser löst, wird die Lösung zäher. Das bekannteste Beispiel ist die Zuckerlösung. Wenn Sie nur genügend Zucker im Wasser auflösen, notfalls mit Gewalt, sprich bei hoher Temperatur, und kochen, wird die Lösung umso dicker und umso zähflüssiger. So entsteht bald ein dickflüssiger Sirup. Siehe Honig.

Das Glibberige des rohen Eiklars stammt also von den darin gelösten Proteinen. Proteine sind lange Molekülfäden, die zu Kugeln oder, wie der Fachchinese sagt, Globulen gerollt oder gewickelt sind. Wenn dicke Kugeln im Wasser treiben, muss die Viskosität zunehmen, denn nun können die Wassermoleküle nicht mehr ungehindert umher schwimmen, sondern müssen Umwege um die Kugeln in Kauf nehmen. Folglich ist Eiklar zähflüssig. Und da wir zwei verschiedene Zähigkeitszustände ausmachen, schließen wir messerscharf: In dem Eiklarwasser werden wir zwei verschiedene Proteine finden. Also haben wir die Zusammensetzung des Eiklars schon fast erraten: zwei verschiedene Proteine plus Wasser.

Mit genaueren Analyseverfahren könnten wir etwa 70 Prozent Wasser und 12 Prozent Protein nachweisen. Zwei verschiedene Proteine wohlgemerkt, Ovalbumin und Conalbumin. Das Conalbumin, das bei etwa 61 Grad „denaturiert", und das Ovalbumin, das erst bei ca. 85 Grad gerinnt. Das Gerinnen der Proteine lässt sich in diesem Fall sehr einfach erkennen: Das Eiklar wird weiß, ein deutliches Zeichen des Garens. Die unterschiedlichen Gerinnungstemperaturen deuten auf eine ganze Reihe wichtiger Fakten hin, die es lohnt, einmal genauer zu betrachten. Dazu müssten wir aber etwas schärfer in die Proteine schauen. Kommt sofort, aber zunächst einmal weiter mit unseren einfachen Beobachtungen und Interpretationen.

„Denaturierung" – das klingt bedrohlich, zumal so nah am Frühstückstisch. Doch keine Sorge, der Wissenschaftler bezeichnet damit lediglich die strukturelle Veränderung von Molekülen, in unserem Fall von Proteinen. Was kann bei der Denaturierung passieren? Stellen wir uns einfach einmal vor, dass sich diese eng gewickelten Kugeln zu langen Fäden aufrollen. Das klingt plausibel, denn Temperatur bedeutet immer Energie. Erhöhen wir die Energie, indem wir das Eiklar erwärmen, so können die molekularen Kräfte, die die Kugeln zusammenhalten, nicht mehr aufrecht erhalten werden. Folglich siegt das Streben nach mehr Freiheit, und die Kugeln müssen sich aufrollen. – Erinnert an die erhitzte Milch, oder? – Das bedeutet aber, dass sich die Fäden – sie sind ja lang genug – gegenseitig zu fassen bekommen. Somit bilden sie ein weitmaschiges molekulares Netz und fangen das Wasser darin ein.

So richtig hart wird Eiklar erst bei 84 Grad, denn dann kann das von den Albuminen (so der Sammelbegriff für eine Klasse der globulären Proteine in Milch und Ei) eingefangene Wasser wieder abgegeben werden. Was also aus dem Netzwerk abdampft, ist sein Weichmacher, sein Quellmittel. Ist das Wasser weg, ziehen sich die Netzwerkmaschen viel enger zusammen. Und schon wird es regelrecht gummiartig. Die mechanischen Eigenschaften verändern sich: Je enger die Netzwerkmaschen stehen, desto fester wird es. Diese Eiklareiweiße sind also ein ganz besonderer Stoff mit erstaunlichen Fähigkeiten.

Im Reich der Eiweißdenaturierung

Was eben beschrieben wurde, ist nichts anderes als der übliche Brat- und Kochvorgang des Eiklars. Also Eierkochen, Spiegeleierbraten und so weiter. Aus physikalischer Sicht ist dabei entscheidend, dass die Proteine aus ihrer natürlichen, meist kugeligen Gestalt gebracht werden, und zwar durch Energiezufuhr, also ordentliches Einheizen, bis die thermische Energie der Hitze ausreicht, um den Zusammenhalt der Molekülkugeln zu überwinden. Wie wir noch aus den endlosen Stunden im Physikunterricht wissen, ist Energie immer auch mit Bewegung verbunden. Und so wackeln die Moleküle und die Molekülteile der Proteine bei höherer Temperatur zunehmend schneller und mit größeren Auslenkungen. Die Folge: Der kugelige Zusammenhalt ist nicht mehr gewährleistet, das Protein entfaltet sich. Das hatten wir bereits. Es geht aber auch anders.

Was Hitze schafft, das schafft auch Säure. Ein Experiment macht das klar, auch wenn dessen Ergebnis alles andere als klar ist. Wir geben sauberes Eiklar in ein Wasserglas und träufeln etwas Haushaltsessig dazu, der von wässriger Farbe sein sollte. Denn erstens ist Spitzenbalsamico für diesen Zweck viel zu schade, zum anderen würde seine tiefschwarze Färbung unseren Blick fürs Wesentliche trüben. Was wir beobachten, ist sehr eindrucksvoll. Sobald der Essig mit dem Eiklar in Berührung kommt, wird dieses weißlich, ganz so, als hätten wir es mit einer gezielten Flamme gegart. Sehr gut funktioniert das mit Essigessenz, noch besser wäre Salzsäure, aber derart heftige Säuren lassen wir besser nicht in der Küche herumstehen. Schon schlichter Zitronensaft genügt, wobei es nur ein wenig länger dauert, bis sich dieser Effekt einstellt.

Um unsere Beobachtungen zu verstehen, sollten wir uns die genannten Säuerlichkeiten etwas genauer anschauen. Geht es um Säuren, dann ist immer Wasserstoff mit im Spiel. Allerdings treffen wir nicht etwa auf vollständige Wasserstoffatome, sondern auf solche, denen ein Elektron geklaut worden ist. Bei großen Atomen mit vielen Elektronen mag das unter Umständen nicht weiter tragisch sein, beim Wasserstoff hingegen schon. Denn das Wasserstoffatom hat nur ein einziges Elektron. Nehmen Sie es ihm weg, bleibt allein das Proton, der Kern, übrig. Trotz des Negativerlebnisses Elektronenklau ist dieses Proton positiv geladen. Säuren sind also immer Protonenlieferanten. Das bekannteste Beispiel ist die Salzsäure, Deckname HCl. Was wir dort antreffen, ist die Bildung von positiven Wasserstoffprotonen und negativen Chlorionen durch Dissoziation, so der vornehme Begriff für den Zerfall von Säuren und anderen Verbindungen, hier in Gegenwart von Wasser. Bei schwächeren Säuren wie der Essig- oder der Zitronensäure wird das Chlor durch etwas anderes ersetzt. Die Stärke der Säure bestimmt man übrigens dadurch, wie schnell und wie viel Protonen frei werden. Und das wird, nur so am Rande erwähnt, mit dem pH-Wert gemessen.

Aber warum sind die Protonen oder auch Ionen in der Lage, Proteine zu denaturieren? Die Antwort ist relativ einfach. Der Zusammenhalt der Proteinkugeln wird meist durch Wasserstoffbrücken geregelt. Darunter versteht man Wassermoleküle, die sich zwischen diejenigen Teile der Proteinketten schieben, die sehr nahe beieinander stehen. Der eine polare Teil des Wassermoleküls schnappt sich einen Gegenpol aus der Proteinkette, der andere Pol des Wassers macht's gerade umgekehrt. So bilden sich komplizierte, dicht gepackte Proteinstrukturen, wie etwa gewundene Helixstränge oder so genannte Faltblattstrukturen. Das ganze funktioniert auch ohne Wasser, besonders bei Proteinen. Wenn sich ohnehin vorhandene wasserähnliche Gruppen, also ein H^+ oder OH^-, nahe kommen, bilden sich ebenfalls diese brückenartige Bindungen. Sind allerdings genügend starke Ionen oder Protonen im Spiel, brechen sie, indem sie die Wassermoleküle herauslösen und verdrängen, die Wasserstoffbrücken auf. Die frei werdenden geladenen und polaren Proteinstücke werden von den Protonen und Ionen neutralisiert, und schon ist das Protein denaturiert und liegt als langer Faden vor, der sich mit anderen zu einem Netz verschlaufen und verbinden kann.

Kompliziert, nicht? Aber die Anwendung liegt auf der Hand: Bei pochierten Eiern, besser als verlorene Eier bekannt, nützen Sie diesen Effekt. Der Trick ist, jede Menge Essig ins Pochierwasser zu geben. So steht es in allen Kochbüchern, aber kaum jemand fragt sich, warum. Jetzt wissen wir es endlich: Es hilft der Proteindenaturierung. Bei der Zubereitung pochierter Eier lassen Sie rohe Eier in 70 bis 80 Grad heißes Wasser plumpsen und hoffen, dass sie nicht allzu sehr zerfleddern und – hier folgt meist ein Stoßgebet – der Dotter schön in der Mitte des Ganzen bleibt. Dabei hilft die Säure: Denn sie unterstützt die Denaturierungskraft des heißen Wassers und veranlasst die Eiweiße gleich beim ersten Wasserkontakt zur Faden- und Netzwerkbildung. Ist das Äußere des Eiklars erst einmal vernetzt, bleibt der Rest, vor allem der Dotter, darin eingeschlossen. Und Sie haben beim verlorenen Ei gewonnen.

Ein kleiner Tipp: Profis rühren im Pochierwasser solange im Kreis, bis ein Wirbel entsteht, in dessen Zentrum sie das Ei geben. Im sich drehenden Wirbel bleibt es zentriert und lässt sich gut handhaben und formen. Das hat zwar nichts mit Molekülphysik zu tun, sondern eher mit Strömungseigenschaften, wirkungsvoll ist es trotzdem.

Aber damit noch immer nicht genug. Denn was die Säure kann, schafft auch Hochprozentiger. Die Proteine im Ei sind derart leicht zu denaturieren, dass es auch mit Schnaps funktioniert. So könnten Sie zum Beispiel ein beschwipstes Rührei servieren, indem Sie einfach Eier in eine Pfanne geben, ordentlich Schnaps dazu gießen und verrühren. Dort, wo der Alkohol mit den Proteinen in Berührung kommt, werden diese denaturiert, denn auch der Alkohol gibt Ionen ab, die ähnliche Effekte wie die Säuren auslösen. Da die Effekte hier allerdings viel schwächer ausfallen, muss der Alkohol stark sein. Ein schottischer Single Malt mit Fassstärke, also 60 bis

70 Grad Alkohol, oder hochprozentiger Rum aus den Überseedepartements von La France zum Beispiel. Mit dieser Methode können Sie trickreiche Desserts anbieten – etwa Ei, Zucker, „Prunes d'Agen" und Whisky, allerdings nur, solange keine Kinder am Tisch sitzen, aber das versteht sich ja von selbst.

Das Gelbe vom Ei

Dieser wunderbare, wohlschmeckende Dotter wird immer wieder mal gern als pures Teufelswerk angesehen, denn darin befindet sich ja jede Menge Cholesterol, also fettartige Moleküle, die die Blutgefäße regelrecht verkleben können. Glaubte man, aber das wird von Fachleuten mittlerweile doch etwas entspannter gesehen, sodass wir uns ohne schlechtes Gewissen daran laben können. Aber der Dotter enthält noch etwas anderes, das den Physiker erfreut: Lecithin. Dieses wundersame Molekül ist ein regelrechter Zwitter. Es kann sich einfach nie entschieden, was es lieber mag: Wasser oder Fett. Das muss auch so sein, denn außer Proteinen befinden sich im Dotter nun einmal Wasser und Fett. Damit die nicht auseinander laufen, sondern dem Hennennachwuchs eine gleichmäßige Grundlage bieten können, müssen Fett und Wasser miteinander verheiratet werden. Und dieses Hochzeitsfest gelingt nur, wenn sowohl Fett als auch Wasser einen gemeinsamen Partner finden, der beiden die Hand reicht. Ménage à trois: ein Fall fürs Lecithin. Denn es besitzt einen wasserliebenden Kopf und einen fettliebenden Schwanz. So steckt das Lecithin sein polares Köpfchen in das Wasser und reckt seinen hydrophoben Schwanz ins Fett. Es sitzt also recht fest verankert an der Grenzfläche von Wasser und Fetttröpfchen. Alle sind zufrieden, und der Dotter ist so, wie wir ihn kennen. Fett und Wasser sind wundersam homogen vermengt, keine Tröpfchen, keine anderen Sauereien.

Dieses grenzflächenaktive Molekül beziehungsweise dessen physikalische Eigenschaften können wir in der Küche gut gebrauchen, etwa bei Mayonnaisen, Vinaigrettes oder in Teigen, also überall dort, wo Fett und Wasser möglichst homogen vermischt werden müssen, wie in allen Emulsionen und Dispersionen. Aber davon später mehr.

Eierkochen und Physik

Ach ja, diese ewige Diskussion um die Gardauer der Eier. Drei Minuten, vier Minuten … Der international anerkannte Frühstücksei-Kochdauer-Experte Vicco von Bülow alias Loriot hat in seinem Klassiker zum Frühstücksei wohl Letztgültiges formuliert: „Eine Hausfrau hat das im Gefühl." Die Gardauer hängt nämlich von vielen Parametern ab: von der Dicke, dem Wassergehalt und der Temperatur des Eis unmittelbar vor dem Kochen. Vor allem von der so genannten „Wärmeleitungskonstanten". Dieser entscheidende „Materialparameter" bestimmt, wie schnell die Wärme von der Schale nach innen zum Dotter gelangt und auf diesem Weg das Ei beziehungsweise dessen verschiedene Bestandteile gart. Das Wasser direkt an der Schale hat, sagen wir, 100 Grad, der Dotter noch die Kühlschranktemperatur von fünf Grad. Also muss die Wärme nach innen wandern oder, etwas physikalischer ausgedrückt: Sie muss diffundieren, um den Dotter auf mindestens 64, 65 Grad zu erwärmen, wo er zu stocken beginnt.

Auf diesem Weg garen die Proteine des Eiklars bereits bei etwa 61 Grad, wobei sie ihre Struktur verändern. Und während dieser Strukturänderung wird überhaupt keine Wärme weitergeleitet, denn alle Energie, also alle Wärme, wird gebraucht, um die Proteine aufzuwickeln und in eine Netzstruktur zu überführen. Das festere Netzwerk der Proteine im Eiklar bildet sich, ohne dass nur ein Joule an Wärme Richtung Dotter marschiert. So weit, so gut. Da jedoch gegartes Eiklar Wärme etwas besser leitet als ungegartes, verändert sich auch die Wärmeleitungskonstante. Also ist die Wärmeleitungskonstante während des Garens gar nicht konstant, sondern eher eine Wärmeleitungsvariable. Ein schlimmes und schwieriges Problem. Schon allein deshalb ist das Hartkochen eines Eis immer mit Empirie verbunden oder, um auf Loriot zurückzukommen, mit Gefühl.

Damit nicht genug. Selbst die Wassermenge im Topf beeinflusst die Gardauer. Sobald nämlich das Ei oder die Eier in den heißen Wassertopf gegeben werden, kühlen sie das Kochwasser ab. Um wie viel, hängt letztlich von der Wassermenge ab. Die Regeln der einfachen Thermophysik lehren dies. Schon allein deshalb ist es besser, eher zuviel Wasser zu erwärmen als zuwenig. Diese Bemerkung ist übrigens nicht nur für das Eierkochen wichtig, sondern für alle kontrollierten Koch- und Garprozesse.

Ovalbumin, Conalbumin, was bedeutet das eigentlich? Sind Proteine nicht einfach Proteine? Und ist das eine etwa oval, während das andere nichts lieber tut, als seine Sammlung französischer Kraftausdrücke ins Album zu kleben? Wahrscheinlich nicht. Die Vielzahl der Proteine lässt sich relativ einfach erklären. Wir wissen, dass Proteine aus 20 beziehungsweise 21 verschiedenen Aminosäuren aufgebaut sind. Das sind kleine Moleküle mit ganz bestimmten Eigenschaften. Weil unser Körper einige von ihnen nicht selbst herstellen kann, brauchen wir sie als essenzielle Nährstoffe. Aber das nur nebenbei, wir wollen uns auf die Physik und Chemie dieser Moleküle beschränken. Zwei wesentliche Unterscheidungsmerkmale gibt es: Eine Sorte der Aminosäuren mag das Wasser, die andere mag es nicht. Letztere Gruppe bevorzugt vielmehr Fett als Partner. Natur und Evolution haben die kleinen Moleküle zu Fäden aus 100 bis 1000, manchmal sogar 10 000 dieser Aminosäuren gesponnen und die Gegensätze in bestimmten, wohl ausgewählten Sequenzen in eine Molekülkette gezwängt. Wasser- und Fettliebe der unterschiedlichen Moleküle schließen sich eigentlich strikt aus, sodass sich die Vertreter der beiden Gruppen gegenseitig nicht mögen. Also versuchen sie sich soweit wie möglich voneinander zu entfernen. Normalerweise ist das kein Problem, hier aber sind sie in eine Kette gezwängt. Demzufolge, könnte man meinen, herrscht in derartigen Proteinen jede Menge Frustration. Es sei denn, die Sequenzen sind so angelegt, dass ein Zusammenleben in der Kette erträglich ist. Davon gleich mehr. Schon jetzt erkennen wir den Trick von Natur und Evolution: Obwohl lediglich 20 verschiedene Aminosäuren als Grundbausteine eines Proteins existieren, ergeben diese eine sehr hohe Zahl an Anordnungsmöglichkeiten für eine Kette, die aus 100 bis 1000 Grundbausteinen zusammengesetzt ist. Die Anordnung der Aminosäuren ist ein prägender Faktor für die Eigenschaften eines Proteins. Erst dadurch gelingt es, von Mensch zu Mensch, von Organ zu Organ und von Funktion zu Funktion unterschiedliche Proteine zu bilden. Diese große Zahl von Anordnungsmöglichkeiten unterscheidbarer Bausteine macht Proteine zu einer speziellen Sorte von sehr komplexen Makromolekülen.

Proteine sind, physikalisch betrachtet, ganz besondere Moleküle, deren Funktion und Struktur von der Anordnung und Abfolge, also der Sequenz der Aminosäuren gesteuert wird. Das lässt sich an einem Gedankenexperiment veranschaulichen: Gelänge es, ein Protein zu fassen und es an seinen beiden Enden auseinander zu ziehen und ordnete man den einzelnen Aminosäuren einen Buchstaben unseres Alphabets zu, erhielte man einen Molekülfaden, dessen Anordnung und Abfolge der einzelnen Grundbausteine wie in einer Textzeile genau gelesen werden könnte. Die Aminosäuren sind also in einer ganz charakteristischen Weise und

Abfolge aneinandergehängt. Diese Abfolge heißt Sequenz und beschreibt aus physikalischer und mathematischer Sicht eine bestimmte, eindeutige Information über das Protein. In der Molekularbiologie wird diese Information „Primärstruktur" genannt. Die Aminosäuren werden auch in essenzielle und nicht-essenzielle eingeteilt. Dabei sind die essenziellen Aminosäuren: Leuzin (neutral), Isoleuzin (unpolar), Lysin (geladen b), Methionin (unpolar), Valin (unpolar), Phenylalanin (unpolar), Threonin (polar), Thryptophan (unpolar), Arginin (geladen b), Histidin (geladen b) sowie die nicht-essenziellen Aminosäuren: Alanin (unpolar), Asparaginsäure (polar), Zystein (polar), Glutaminsäure (polar), Prolin (unpolar), Hydroxyprolin, (Glycin-unpolar), Serin (polar), Tyrosin (polar). Der Ladungszustand oder die Polarität von Aminosäuren sind dabei für die physikalischen Eigenschaften der Proteine von besonderer Bedeutung.

Für die Proteinstruktur und ihre Funktion ist die Konfliktsituation entscheidend, dass völlig verschiedenartige Aminosäuren auf einer Kette aufgereiht sind. So lösen sich etwa alle neutralen Aminosäuren nicht in Wasser, sie sind praktisch wasserscheu. Wie wir schon wissen, nennt man diese Eigenschaft auch hydrophob. Alle polaren, elektrisch geladenen Aminosäuren hingegen lösen sich sehr gut in Wasser. Dies liegt vor allem daran, dass das Wassermolekül H_2O selbst polar ist, also eine leicht positive Ladung auf der einen und eine leicht negative Ladung auf der anderen Seite hat. Das ist der Grund dafür, dass sich nur ebenso polare Substanzen oder Substanzen mit elektrischen Ladungen im Wasser lösen können. Auf diese Weise entsteht entlang der Molekülkette ein heftiger Konkurrenzkampf: Teile davon mögen Wasser, andere nicht.

Diese verzwickte Konkurrenzsituation kann nur gelöst werden, wenn die wasserscheuen Aminosäuren entlang der Kette so verpackt werden können, dass sie erst gar nicht mit Wasser – in diesem Fall Blut, Speichel und allen anderen wässerigen Körperflüssigkeiten und deren Proteinen – in Berührung kommen. Um seine hydrophoben Aminosäuren in sein Innerstes zu verpacken, muss sich der Proteinfaden in einer ganz besonderen Weise zusammenfalten. Erst dann kann das zu einem dichten Ball oder Globul geformte Protein seine biologischen Aufgaben wahrnehmen. Wie entscheidend dabei die Abfolge der Aminosäuren auf der Molekülkette ist, lässt sich nur erahnen, denn sobald sich bei diesem Faltungsprozess zwei Aminosäuren begegnen, die sich nicht mögen (etwa gleich geladene), stoßen sie sich gegenseitig stark voneinander ab. Die Kette kann sich an dieser Stelle nicht zusammenfalten und muss, damit sich die beiden Streithähne nicht zu nahe kommen, einen besseren Weg zum Globul suchen.

Scrabble mit Einschränkungen

Aus 20 Aminosäuren lässt sich durch verschiedene Anordnungen eine große Zahl von Proteinen bilden. Jedes von ihnen besitzt eine andere Struktur und deshalb auch eine andere biologische Aufgabe. So entscheidet auch die Sequenz der Aminosäuren, ob das jeweilige Protein sich zu einem Strukturprotein – etwa Muskelfasern oder Kollagen – mit extrem hoher Festigkeit wickelt, oder ob es sich zu einer kugelig-globulären Form faltet, wie etwa beim Hämoglobin. Das Hämoglobin beispielsweise ist auch für den Sauerstofftransport im Blut verantwortlich, es kann Sauerstoffmoleküle aufnehmen,transportieren und wieder abgeben. Dazu muss es, egal ob bei Tier oder Mensch, immer dieselbe eindeutige Struktur aufweisen. Dass das überhaupt möglich ist, liegt genau an dem Konkurrenzgeschäft der Wasserlöslichkeit der Aminosäuren. Um diese Konkurrenz besser zu verstehen, hilft es, sich eine Kette vorzustellen, die lediglich aus zwei Aminosäuren besteht: einer wasserlöslichen, polaren P und einer wasserunlöslichen, hydrophoben H.

Werden diese beiden nun in verschiedener Weise angeordnet, etwa ...HHHHPPPHHHHPPPPPP..., dann beugt sich die

Kette dieser Konkurrenz und faltet in ein Globul, auf dass alle hydrophoben Bausteine im Innern verborgen sind und die Oberfläche aus polaren Gruppen besteht. Das geht aber nur, wenn die Sequenz stimmt. Nur dann ist dieser Prozess überhaupt möglich. Unser Zweibuchstabenmodell – hydrophil und hydrophob – ist sehr grob und lediglich dazu geeignet, einfache physikalische Ideen zu beschreiben. Realistische Eigenschaften, die für die Proteinstruktur wesentlich sind, etwa die Helix- oder Faltblattbildung, können damit nur unvollständig erklärt werden. Dennoch gibt das Modell ein Gefühl dafür, wie komplex die molekulare biologische Welt letztlich ist.

Durch den beschriebenen Prozess lassen sich aber für bestimmte biologische Funktionen genau definierte Sequenzen herstellen, die einzigartige Strukturen ausbilden. Doch wehe, es kommt einmal ein Buchstabierfehler vor – ein H sitzt etwa an einer falschen Stelle, oder ein P und ein H sind vertauscht. Dann entspricht die Struktur des Proteins nicht mehr den biologischen Anforderungen, und es kann seine Funktion nicht mehr wahrnehmen. Die Folgen eines solchen Buchstabierfehlers sind schwere Pathologien, weil sich das Protein nicht mehr in eine funktionsfähige globuläre Form falten kann. So bewirkt zum Beispiel der (genetisch bedingte) Austausch der Aminosäure Glutaminsäure (Glu) an der sechsten Stelle mit einem Valin (Val) beim Hämoglobin die Sichelzellenanomalie der Blutzellen. Diese anomalen Blutzellen sind nicht mehr rund und geschmeidig, sondern bilden sichelförmige Gebilde, die deutlich schlechtere Fließeigenschaften in den Blutgefäßen haben. Ein kleiner Effekt mit erheblichen Konsequenzen, der dadurch verständlich wird, dass der Charakter der Aminosäure vollkommen verändert wird. Val ist neutral und essenziell, Glu ist geladen und nicht essenziell. Derartige Fehler in der Sequenz haben die schwerwiegende Folge, Proteine in eine weitgehend funktionsunfähige Faltung zu führen.

Selbstverständlich kommen realistische Modelle nicht mit

zwei Buchstaben aus. Für die bessere Feinabstimmung der Proteinstruktur hat die Natur deshalb ein Alphabet von 20 Buchstaben zur Verfügung gestellt, mit dem sich aus den Aminosäuren kompliziertere Worte schreiben lassen. So definieren die Anordnung oder die sequenzielle Abfolge der Aminosäuren bestimmte Muster, oder, um am Beispiel zu bleiben, lesbare Worte und damit Information. Ähnlich wie in Wörtern, die erst durch eine klar verständliche Abfolge der Buchstaben sinnvolle Informationen ergeben, wobei sinnvoll lesbar meint.

Je nachdem, wie die Aminosäurenstruktur aufgebaut ist, fallen die Eigenschaften aus: Gestalt, Wicklungsgrad, Denaturierungstemperatur – und somit alle feinen Unterschiede zwischen den Proteinen im Rindsfilet, Schweinebraten, Hühnerbrüstchen.

Puh, ganz schön hart dieser Exkurs. Fast so hart wie das zu lange gekochte Ei von gestern Abend. Wer hätte schon gedacht, dass im Ei so viel an aktueller Biophysik steckt. Nichts für Weicheier!

Zwischenstopp am Vormittag

Am späteren Vormittag beginnt sich schon so langsam das erste Hungergefühl zu regen. Aber bevor wir anfangen, irgendwelche Riegel zu essen und damit unseren Appetit auf ein vernünftiges Mittagessen zu verderben, nehmen wir lieber einen anständigen Espresso oder Cappuccino zu uns. Oder, ganz französisch, eine kleine Noisette. Das steigert die Vorfreude auf die kommende Mahlzeit, belegt die Zunge für die ganze nächste Stunde mit schmackhaften Aromen und liefert den mehr als willkommenen Koffeinschub.

Granulare Materialien

Im Zusammenhang mit dem Kakao sind wir schon einmal auf den Begriff der granularen Materialien gestoßen. Was bedeutet das? Hat es etwas mit den so genannten Schüttgütern zu tun, sprich allem, was wir in Gefäße, Silos oder andere Verpackungen schütten und pressen können, ohne dass es dabei nass oder feucht werden darf? Dann betrifft das eine ganze Reihe von Stoffen: neben dem Espressopulver z.B. auch Mehl, Haferflocken, gemahlene Nüsse und Mandeln oder den eher unkulinarischen Sand.

Was macht die granularen Materialien aus? Das verbindende Phänomen können Sie beobachten, wenn Sie die Tüte mit den 250 Gramm Espressopulver – sofern Sie die Bohnen nicht lieber selbst mahlen – in die mit genau 250 Gramm Inhalt deklarierte Aromadose umschütten wollen, um sie in den Kühlschrank zu verfrachten. Warum? Sie möchten die Temperatur des Pulvers herunterfahren, damit die ebenso wunderbaren wie leichten Aromen in ihrem Fluchtwillen, der mit der Temperatur steigt, gebremst werden. Regelmäßiges Ergebnis: Das verdammte Pulver passt nie auf Anhieb in die Dose. Jedes Mal müssen Sie das bedauernswerte Blechgefäß ein paar Mal auf den Tisch klopfen, damit sich der

Kaffe setzt und noch der letzte Rest aus der Tüte hinein passt. Dabei lässt sich sehr deutlich beobachten, um welche Mengen Sie den Kaffee in der Dose zusammenpressen oder wie Physiker und Ingenieure gern sagen, kompaktieren können, messbar an der zusammengeschrumpelten Höhe. Dieses nicht unerhebliche Kompaktierungspotenzial hängt selbstverständlich auch damit zusammen, dass die Granulate der gemahlenen Kaffeebohnen nicht alle dieselbe Gestalt haben. Die gerösteten Kaffeebohnen werden von dem Schneidmesser der Mühle regelrecht zerfetzt. Dabei bilden sich völlig unregelmäßige Körner mit einem je nach eingestelltem Mahlgrad durchschnittlichem Durchmesser. Doch selbst wenn alle Körner den selben Durchmesser aufwiesen, wenn es sich also um etwa gleich große Kugeln handelte, gäbe es immer noch ein gewisses Kompaktierungspotenzial. Wir könnten die Kugeln so lange zurecht schütteln, bis jede die gleiche Anzahl von Nachbarn um sich versammelt hätte. Dies wäre dann die optimale Packung mit der größten Dichte.

Bei unregelmäßig geformten Gebilden wie dem gemahlenen Kaffee funktioniert das jedoch nicht so einfach. Letztlich ist der Kompaktierungsvorgang von der Gestalt jedes einzelnen Pulverkorns abhängig. Ein äußerst kompliziertes und bislang weitgehend ungelöstes Problem der physikalischen Forschung. Viele Fragen der theoretischen Physik sind dazu noch gar nicht behandelt. Dabei wäre eine Lösung dieser kniffligen Aufgabe von großem technologischem Interesse, denn jede Zementfabrik, die ihr Produkt in Säcke schüttet und verpackt, steht vor ganz ähnlichen Problemen. Nun gut, uns geht's eher um ein anderes Pulver. So lange dessen Kompaktierung nicht in allen Einzelheiten erforscht ist, schütteln und klopfen wir die Dose auf den Tisch, bis der Kaffee hinein passt. Und freuen uns ganz nebenbei darüber, wie aktuellste Forschung und Alltagsbeobachtungen miteinander verwoben sind.

Dazu noch ein kleines Experiment, das Sie mit Ihrem Kaffeepulver selbst durchführen können: Häufeln Sie doch einmal das Pulver auf einen Teller, bevor Sie es in den Filter oder in Ihr Espressokännchen geben. Versuchen Sie dabei, das Pulver möglichst hoch zu häufeln. Es wird Ihnen nur bis zu einer fast immer gleichen Höhe gelingen, sobald der Winkel zwischen Kaffeehaufen und Tischplatte eine kritische Neigung überschreitet, beginnt das Pulver zu rutschen. Bei Ihrem nächsten Urlaub am Meer mit Sandstrand können Sie dasselbe mit trockenem Sand versuchen. Der kritische Abrutschwinkel ist nahezu derselbe. Für die Physik des Häufelns ist es also völlig wurscht, ob Sie das Experiment mit trockenem Sand, Kaffee oder Mehl, durchführen. Oder eben Zement. Das freut den Physiker, denn er schlägt hier mit einer Theorien-Klappe gleich mehrere Fliegen. Allerdings kommt es immer noch auf die Granulatoberfläche an; sobald die einzelnen Partikel zusammenkleben können, also „kohäsiv" sind, muss dies berücksichtigt werden.

Vom Schütten bis zum Schütteln ist's ja zumindest sprachlich nur ein kleiner Sprung. Deswegen sei noch eine kleine Randbemerkung beigeschüttet: Gedanken zur Müslipackung. Sollten Sie die schütteln, werden Sie feststellen, dass die großen Nüsse alsbald nach oben wandern, während die kleinen Cornflakestrümmer oder die leichten Haferflocken nach unten sinken. Also entgegen unserer in der Badewanne gewonnenen Erfahrung, dass schwere Körper nach unten sinken und leichte nach oben. Auch dies ist den Schüttgütern und Granulaten eigen. Und was zunächst verwundert, leuchtet bei näherem Nachdenken ein: Durch das Schütteln rutschen die kleinen Trümmer gern in die entstehenden Zwischenräume, sodass sie sich alle langsam nach unten bewegen. Das treibt die Nüsse zwangsläufig nach oben. Granulate sind also nur beim ersten Augenschein mit Flüssigkeiten verwandt. Und sie können mit einer ganzen Reihe an Besonderheiten aufwarten, die das Herumexperimentieren sehr spannend macht. Die Küche bietet eben das perfekte Labor für Gastrophysik. Aber jetzt ist der Espresso fertig und wir genehmigen uns nach so viel teilweise unkulinarischer Theorie einen ordentlichen Schluck!

Die Cremahaube des Espresso

Aber halt, nicht so hastig. Wie war das mit den Espressomaschinen? Sechs bis sieben Gramm Espressopulver, natürlich frisch von der Maschine gemahlen, in den dafür vorgesehenen Besatz geschüttet, 90 bis 96 Grad heißes Wasser mit 9 bis 13 bar in etwa 20 bis 30 Sekunden durchgedrückt, und fertig ist der Genuss. Was wir dann bekommen, ist eine winzige Menge an Espresso, voller Aromen und Geschmack. Und eine tolle Crema – dieses feste, helle, luftige Gebilde, das sogar die relativ schweren Zuckerkristalle für mindestens drei, vier, fünf Sekunden lang trägt, bevor sie mit einem soundtechnisch einwandfreien Blubb in der Tasse versinken. Die Bildung der Crema lässt schon erahnen, was in den gerösteten Kaffeebohnen alles steckt. Und sie ist ein hochkompliziertes, schaumähnliches Gebilde aus Luft und Wasser, das sich über eine gewisse Zeit hält und – siehe Zucker – überaus tragfähig ist. Dass Luft und eine Flüssigkeit, die vorwiegend aus Wasser besteht, derart lang und fest zu einem Schaum wird, kann nur passieren, wenn a) heftig geschlagen und b) – zumindest aus molekularer Sicht – kräftig aus der aufzuschäumenden Flüssigkeit mit entsprechender Chemie nachgeholfen wird. Das Schlagen wird durch den hohen Druck selbst bewerkstelligt; das heiße, aber nicht kochende Wasser wird mit voller Wucht und in kurzer Zeit durch die winzigen Zwischenräume des gepressten Kaffees gedrückt. Aber dabei wird nicht nur eine Vielzahl von Aromen und Farbstoffen aus dem Kaffee herausgelöst, sondern auch jede Menge Stoffe, die wieder mit der Zwittereigenschaft wasser- und fettliebend glänzen. Sie besitzen einen wasser- und einen fettliebenden Teil. Ganz ähnlich, wie wir es schon von den Proteinen her kennen. Allerdings müssen es keine Proteine sein, auch kleinere, weniger komplizierte Moleküle genügen.

Zudem lösen sich ätherische Öle aus dem Espressopulver. Und somit ist klar, was diese bestechende Crema ist: Eine komplizierte Emulsion aus Luft, Wasser und Ölen. Dabei spielen die Zwittermoleküle die entscheidende Rolle für die Stabilität und „Zuckertragfähigkeit" der haselnussbraunen Crema: Aufgrund ihrer Zwitternatur setzen sie sich an die Wasser-Luft-Grenzflächen, die sich beim Zubereitungsvorgang ohnehin ausbilden.

Etwas anderes bleibt ihnen im Großen und Ganzen auch kaum übrig: Viele Fettstoffe bleiben in den Kaffeegranulaten hängen. Sie haben nicht die Bohne einer Veranlassung, sich im Wasser zu lösen. Es sei denn, bei höheren Drücken, was wir sofort erkennen. Bei Espressomaschinen, die nur mit halbherzigem Druck arbeiten, oder der „Caffeteria" auf der Herdplatte, ist die Crema eher schlapp oder bildet sich erst gar nicht aus.

Zumindest teilweise haben die Zwitterstoffe eine gewisse Affinität zum Wasser. Während des Hochdruckbrühprozesses lösen sich einige heraus, die nicht so recht wissen, wohin. Wir kennen das schon: Der fettliebende Teil des Moleküls ist im Wasser eher frustriert. Zwar könnte man sich jetzt vorstellen, alle fettliebenden Teile fänden zueinander, um sich zusammenzulagern und auf diese Weise das sie umgebende Wasser weit von sich zu weisen (siehe Milch). Aber es gibt ja noch die luftgefüllten Bläschen. Das ist zwar nichts anderes als heiße Luft, aber besser als gar nichts. Die grenzflächenaktiven Moleküle setzen sich an die Luft-Wasser-Grenze, und schon sind beide Teile des Zwittermoleküls zufriedengestellt. Jeder Molekülteil hat seinen richtigen und passenden Partner gefunden. Die grenzflächenaktiven Moleküle bleiben eine Weile, wo sie sind, und schon ist die Crema stabil.

Dabei scheinen die Moleküle kaum eine Veranlassung zu verspüren, die Grenze wieder zu verlassen. Und so kann dieses Luft-Wasser-Ölgerüst sogar den hineingelöffelten Zucker für eine gewisse Zeit tragen, bis der mit einem Blubb in der Tasse versinkt. Die Physik von Emulsionen aus drei und mehr Komponenten mit einer Vielzahl von grenzflächenaktiven Substanzen ist weit komplizierter, als es sich bei der geschmacksintensiven und beliebten Crema anhört. Aber eines ist immer wesentlich: Wer mag wen mehr, und wer mag den anderen weniger. Aus diesem Konkurrenzkampf der Verschiedenen ergeben sich letztlich derartig komplexe Strukturen. Der Espresso bzw. dessen Crema sind nur ein Beispiel dafür.

Die Schaumhaube des Cappuccino

Für so manchen Zeitgenossen ist die Krönung auf dem Kaffee die Schaumhaube aus reiner Milch. Dieser Milchschaum ist ganz leicht herzustellen: Sie müssen die Milch nur schlagen oder aufschäumen. Ob mit heißer Luft oder Dampf, wie es mittlerweile fast jede Espressomaschine mit einer schnorchelnden Düse vorschlägt, oder mit einem elektrifizierten Schneebesen ist fast egal. Ganz ähnlich der Crema kann Milchschaum auf dem Cappuccino eine relativ feste und stabile Angelegenheit sein.

Auch dieses Gebilde ist eine „Emulsion“ von stabilen Luftbläschen und hauchdünnen Wasser- beziehungsweise Molkewänden. Und wie bei der Crema sind auch hier grenzflächenaktive Substanzen wirksam, die dem Milchschaum ausreichende Stabilität geben. Allerdings ist dies bei Milch und Sahne etwas komplizierter, denn bei beiden ist viel mehr Fett im Spiel. Aber welche Moleküle stabilisieren nun den Milchschaum? Die schon bekannten κ-Kaseine können es nicht sein, denn deren hydrophober Teil steckt schon tief im Fett, steht also für die Luftnummer nicht mehr zur Verfügung. Deshalb liegt die Vermutung nahe, dass die Lactoalbumine, die sich reichlich in der Molke befinden, zur Schaumstabilisierung beitragen. Diese an und für sich gefalteten Proteine haben durchaus wasserliebende und fettliebende Teile, nur sind die fettliebenden Teile im Inneren der zusammengefalteten Proteinkugel verpackt. Folglich müssen diese Kugeln erst einmal aufgedröselt werden, sodass die wasserfeindlichen Teile zur Wirkung kommen. Das geschieht durch das kräftige Aufschäumen mit Dampf oder mit dem Rührer. Dann wandern die Albumine an die Luft-Wasser-Grenzfläche und verhindern, dass sich die Schaumbläschen zu größeren zusammenlagern, die dann platzen, sobald sie ausreichend groß sind. Deshalb hauen übrigens viele Milchschaumprofis ihr Kännchen mit der aufgeschäumten Milch immer ein-, zweimal mit viel Lärm auf den Tisch. Sie bringen so die großen Blasen zum Platzen, und es bleiben nur noch die kleineren Bläschen übrig. Folglich ist der Schaum gleichmäßiger, also homogener und somit stabiler.

Zu heiß sollte die Milch beim Aufschäumen allerdings nicht werden. Weniger der landläufigen Meinung wegen, denaturierte Proteine hätten kaum noch Grenzflächenaktivität; beim Eischnee ist ja gerade das Gegenteil der Fall. Vielmehr spielt die Molekülbewegung unter Temperatur wieder einmal eine Rolle. Sind die Moleküle in den feinen Kapillarwänden zu flott, flitzen sie aus der Grenzfläche heraus, und so wird der Schaum schnell instabil. Auch die Druckverhältnisse in den Luftblasen mischen mit. Ist die Temperatur bei der Schaumbildung sehr hoch, bildet sich bei Abkühlung rasch ein Unterdruck in den Bläschen. Diese sich rapide verändernden Druckverhältnisse sind Gift für die Schaumstabilität. Vor allem, wenn sich dadurch wieder größere Blasen bilden.

Schließlich funktioniert in jeder Cafeteria oder jedem Stehausschank der Milchschaum auch mit H-Milch. Diese wird für ein paar Sekunden bis auf 143 Grad erhitzt und anschließend auf vier Grad schockgekühlt. Nicht nur Keime und Bakterien werden dabei abgetötet, sondern auch die Proteine der Milch denaturiert. Kaum verwunderlich also, dass der Schaum sich mit H-Milch ebenso herstellen lässt. Molkenproteine – also Lactoalbumine – denaturieren schnell bei 66 Grad. Daher sind sie bei der H-Milch teilweise bereits denaturiert und stehen der Grenzfläche leichter zur Verfügung. All das erinnert sehr an unseren Eischnee aus dem vorangegangenen Kapitel: Physikalisch ist der Milchschaum von ihm gar nicht so sehr verschieden. Beide sind Schäume und fallen damit in dieselbe Klasse von Objekten: Kleine Luftbläschen müssen stabilisiert werden, damit sie sich nicht zu immer größer werdenden Blasen zusammenschließen, die schließlich platzen, weil ihre Zwischenwände sich verdünnisieren. Daher muss das Wasser oder besser die Molke in diesen Wänden zusammen mit dem Milchfett möglichst lange entgegen der Schwerkraft festgehalten werden. Die Lactoalbumine sind ganz ähnliche Proteine wie jene Albumine im Eiweiß. Sie lassen sich relativ schnell denaturieren und werden damit grenzflächenaktiv. Da Milch jedoch Fettanteile aufweist, müssen sie sich nicht nur – wie beim Eischnee – mit Luft abfinden. Die wasserhassenden Proteinteile (vergleiche die H-Sequenzen im Proteinkapitel beim Ei) haben eine weitere Alternative zur Luft: Das Milchfett. Da deren Affinität zu Fett allerdings größer ist, werden sie – soweit möglich – nicht zu lange in der zwar tolerierten, aber nicht allzu sehr geliebten Luft verweilen. Das können wir auch beobachten, denn Milchschaum ist weit weniger stabil als Eischnee. Die Albumine verweilen nur kürzere Zeitspannen an der Luft-Wasser-Grenzfläche. Allerdings erhalten sie etwas Unterstützung durch die κ-Kaseine. Die fällt jedoch halbherzig aus, denn die κ-Kaseine sind relativ stabil und bleiben lieber an Ort und Stelle, wie wir schon am Kochverhalten der Milch erkennen konnten.

Selbst nach zehn Minuten Kochen zerfällt die Milch ja nicht in ihre Bestandteile. Die stabilisierende Wirkung der κ-Kaseine ist sehr temperaturresistent. So koagulieren die Kaseine (d. h. trennt sich die Milch in ihre Bestandteile Fett, Kaseine und Molke) erst nach 12 Stunden Kochen bei 100

Grad. Oder nach einer Stunde bei 135 Grad oder nach drei Minuten bei 155 Grad. Aber wer ist schon so blöd und erhitzt Milch – außer zu Forschungszwecken im Labor – auf derart hohe Temperaturen für eine derart lange Zeit. Allerdings bilden diese Zeiträume die Basis für die Herstellung der H-Milch. Die stabilisierende Wirkung liegt an den eingebundenen Kalziumionen. Diese zweifach positiv geladenen Ionen sitzen aufgrund der starken Ladung so fest im Kaseinverbund, dass es einiges an Energie braucht, um die Verbände zu trennen. Da Energie stets auch Temperatur heißt, bedeutet das eben relativ hohe Temperatur. Gottseidank, denn sonst wäre der Milchschaum der Cappuccinoschlürfer eine sehr diffizile und wackelige Angelegenheit. Und das Kochen der Milch erst recht!

Ach so, die Bedeutung der Noisette wurde bisher verschwiegen, diese „Haselnuss" ist nichts anderes als ein Espresso mit einer kleinen Milchhaube. Na ja, wer's mag, aber sehr en vogue, en France.

Ein leichtes Mittagsmahl, Steak, Nudeln und Cie

Fünf vor zwölf! Wir sollten uns ein leichtes Mahl zubereiten. Leicht, was das Essen angeht, aber keineswegs seicht. Denn selbstverständlich sind die Zutaten geeignet, unseren anspruchvollen wissenschaftlichen Blick zu schärfen. Allerdings sind wir ohne ein vollständiges Menü kaum zufrieden zu stellen. Also gibt es einen Salat, etwas Pasta und danach ein einfaches Steak oder Lammkotelett. Zugegeben, sehr schlicht das Ganze, aber immer garniert mit ausreichend Pfeffer, Salz und Kräutern sowie mit Physik, Chemie und Biologie.

Antipasti, ein kleiner Salat gefällig?

Salat, Grünzeug? Warum nicht, wenn's der wissenschaftlichen Wahrheitsfindung dient. Und schon geht's los: Was wäre ein Salat ohne anständige Vinaigrette? Ein lasches Nichts, er ginge gerade mal als Hasenfutter durch. Doch so mancher Salat wird nach ein paar Tagen bräunlich, welk und unansehnlich. Selbst mit der besten Vinaigrette ist dann nichts mehr zu retten. Aber warum haben Sie Ihren Salat nicht sofort nach dem Einkauf blanchiert? „Wie bitte, Salat blanchieren? Dann wird er doch noch lascher, welker. Und vermutlich fällt er sofort in sich zusammen." Nun ja, erwidert der Gastrophysiker, das ist lediglich eine Frage der Temperatur. Sobald nämlich das Blanchieren bei entsprechend niedrigen Temperaturen ausgeführt wird, bleibt der Salat frisch, und auch nach ein paar Tagen fault er kaum.

Aha, Niedrigtemperaturblanchieren. Bei dieser sanften Blanchiererei werden die Blätter in nur 50 bis 55 Grad warmem Wasser fünf bis zehn Minuten lang geschwenkt und gewaschen. Danach wird der Salat mit Eiswasser oder kaltem Leitungswasser abgeschreckt, anschließend in einer Salatschleuder vom Wasser befreit und im Kühlschrank gelagert.

Dieses einfache Verfahren wirkt wahre Wunder, der Salat bleibt knackig, auf Tage.

So abenteuerlich das klingt, nach etwas genaueren Überlegungen leuchtet es ein. Ein Blick durchs Mikroskop verrät uns: Die Salatoberfläche ist alles andere als glatt. Und wie auf allem, was frisch und fromm unserer Umwelt ausgesetzt ist, haften auch auf der Blattoberfläche winzige Keime und Bakterien, vor allem, wenn die kleinen Gesellen in Kerben

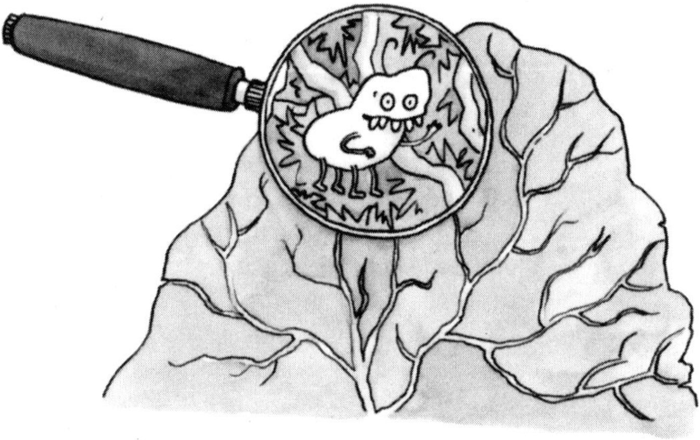

und Furchen der Rauhigkeiten passen. Keine Sorge, der Salatgenuss wird dadurch nicht getrübt. Wenn ihre Anzahl nicht überhand nimmt, sind die meisten dieser Keime für uns kaum gefährlich. Aber sie schaden dem Salat. Raue Oberflächen haben es in sich, sie bestehen aus einer Vielzahl von winzigen Erhebungen und Schluchten. In dieser wilden Berg-und-Tal-Landschaft fällt es den Bakterien relativ leicht, Halt zu finden. Mehr noch, die unzähligen Unebenheiten vergrößern die Oberfläche des Salatblatts um ein Vielfaches. Unser Auge nimmt das nicht wahr, wohl aber die Keime. Salateigenes Zellwasser, das beim Schneiden und Brechen der Blätter austritt, ist diesen Winzlingen Nahrung genug.

Wie also die Keime vom Salat rubbeln, ohne die Blätter dabei zu zerstören?

Mit kaltem Wasser wird es kaum klappen, da viele Keime lange Zuckermoleküle, im Fachchinesisch: Polysaccharide, ausscheiden. Und genau da liegt das Problem. Würden die Kameraden normalen, einfachen Zucker wie Glucose oder Fructose oder auch Haushaltszucker absondern, gäbe es kaum Schwierigkeiten. Der kleinmolekülige Klebstoff könnte unter kaltem Wasser locker abgewaschen werden. Mit dem erwünschten Nebeneffekt, dass sich die ihres Klebstoffs beraubten Bakterien und Keime gleich mit abspülen ließen. Längere Zuckermoleküle jedoch klammern sich viel stärker an den Blattsalat, sie „adsorbieren" heftiger und haften gleich an mehreren Stellen. Als wären sie noch nicht widerspenstig genug, lösen sie sich deutlich schlechter und lassen sich bei normalen Wassertemperaturen nicht abwaschen.

Ganz nebenbei sind wir beim Salatputzen einem viel allgemeineren Phänomen auf die Schliche gekommen, das wir uns für weitere Gelegenheiten merken können: Die Frage, wie gut oder schlecht sich etwas in einem Lösungsmittel auflöst, hängt nicht nur von der genauen Molekülchemie zwischen Lösungsmittel und zu lösendem Stoff ab. Selbstverständlich, die Chemie muss stimmen. Zucker etwa löst sich bestens in Wasser; in Öl dagegen ist's damit Essig. Die Lösungseigenschaften hängen aber auch von der Molekülgröße ab. Wie wir alle wissen, löst sich Zucker in Wasser relativ schnell und problemlos auf. Kämen wir allerdings auf die Idee, viele einzelne Zuckermoleküle zu längeren Fäden zusammenzufügen (der Fachmann spricht vom Polymerisieren), würde sich dieses riesige, fadenförmige Monstermolekül viel schlechter ins Wasser begeben. Schlechter heißt dabei auch langsamer – falls es sich überhaupt noch löst. Wir kennen das vom Karamellisieren. Dort bauen wir den Zucker chemisch zu einer Vielzahl von komplizierteren Molekülen um, und dieser gebräunte Karamell löst sich erfahrungsgemäß viel, viel schlechter. Sehr zum Leidwesen des Spüldienstes.

Bedauernswerterweise produzieren die Keime und Bakterien auf dem Salatblatt keinen Zuckerkaramell (ein interessantes Projekt für den angehenden Hobbygentechniker); bescheiden begnügen sie sich mit Polysacchariden, also längeren Zuckermolekülen. Und hier setzt unsere Niedrigtemperaturblanchiermethode an. Wie sich der Zucker im heißen Kaffee schneller löst, so kommt man auch dem Polysaccharidkleber im Warmen besser bei als im Kalten. Zu warm darf das Wasser allerdings nicht sein, denn schon bei Temperaturen zwischen 55 und 60 Grad setzt ein Garprozess ein. Da sich das an die Zellulose gebundene und in den Pflanzenzellen befindliche Wasser zu lösen beginnt, wird das Zellgerüst angeknackst. Die Zellstruktur verliert an Stabilität, und der Salat welkt dahin. Aber bereits bei 50 Grad haben Bakterien und Keime keine Chance mehr. Steigt die Temperatur darüber hinaus, ist's mit der Knackigkeit des Salats vorbei. Dies schränkt die Anwendbarkeit des Blanchierens ein: Weiche Blattsalate wie etwa der Kopfsalat, die schon von Natur aus eine eher schlabberige Blattstruktur haben, eignen sich dafür nicht. Und die Methode hat noch einen weiteren Nachteil. Der Blanchierprozess schwemmt unter Umständen wasserlösliche Inhaltsstoffe aus. Dazu gehören Vitamine, etwa Vitamin C, aber auch Geschmacksstoffe, etwa bei Radicchio oder Endiviensalaten.

Abgesehen von der kulinarischen Anwendung führt uns das Phänomen in ein aktuelles Forschungsgebiet der Biophysik: die Adhäsion von Bakterien und deren Fortbewegung auf Oberflächen. Das mag langweilig klingen, ist aber sehr spannend, denn die Anhaftung von Keimen und Bakterien auf Oberflächen ist der erste Schritt jeder Infektion. Daher liegt es nahe, Methoden zu finden, die die Anhaftung von Keimen und deren Fortbewegung verhindern. Beim Salat kein Problem. Schwieriger wird es auf Zelloberflächen wie etwa in der Nase oder den Bronchien. Soll man da blanchieren? Jedenfalls können wir jetzt den Ratschlag eines jeden Onkel Doktors, die Schleimhäute immer möglichst feucht zu halten, viel besser verstehen. Offenbar vermindert das die Adhäsionsfähigkeit der Bakterien und Keime.

Doch zurück zu den Polysacchariden. Diese große und wichtige Klasse von Molekülen ist ja – Gott sei Dank – nicht nur in klebrigen Bakterienausscheidungen zu finden, sondern, sehr zu unserer Gaumenfreude, auch in ganz anderen Formen ess- und genießbar. Daher schreiten wir forschen Schrittes an den Herd und beschäftigen uns mit dem folgenden Pastagang.

Pastaprobleme und andere Nudelunwägbarkeiten

Ein paar Nudeln kochen, pah, das kann ja jeder, typisches Single-Essen! Warum überhaupt darüber schreiben – und auch noch in einem wissenschaftlichen Zusammenhang? Nun ja, die Wissenschaft beginnt schon beim banalen Wasserkochen. Übrigens: Vielen Unkenrufen zum Trotz, dass das doch gar nicht wichtig sei, sollten Sie mit der Menge des Nudelwassers nicht geizen. Das wäre an der falschen Stelle gespart. Auf andere Möglichkeiten, den Sparstrumpf sinnvoll zu mästen, kommen wir gleich zu sprechen. Unsere Mindestforderung lautet: Die Nudeln sollen alle auf einmal gar werden. Allerdings nicht matschig und schlabberig, sondern „al dente". Fachgerecht zubereitete Pasta ist gar nicht so schlicht und simpel, selbst wenn wir, wie für dieses leichte Mittagsmahl, die Pasta aus der Tüte nehmen, anstatt sie, wie es sich für überzeugte Küchenfreaks geziemt, mittels Eigenproduktion selbst herzustellen. Für den Pastagang dieses schnell zubereiteten Mittagessens gestatten wir uns eine Ausnahme.

Zuerst heizen Sie das Nudelwasser auf, in ausreichender Menge, wohlgemerkt. Denn sobald es sprudelnd kocht, möchten Sie ja die Nudeln dazu geben, ohne dass das Kochen abrupt stoppt. Da die Zugabe der Nudeln das Wasser abkühlt, fällt die Temperatur unterhalb des Kochpunktes, und schon findet kein gleichmäßiges Quellen der Pasta während ihres ersten Wasserkontakts mehr statt. Allein deshalb wird in jedem vernünftigen Kochbuch vorgeschlagen, einen ausreichend großen Topf und viel Wasser für die Pasta zu verwenden. Eben! Genügend Salz gehört immer ins Nudelkochwasser, etwa 10 bis 20 Gramm pro Liter, also etwas mehr als in einer physiologischen Kochsalzlösung vorhanden ist, die mit neun Gramm auskommt. Klar, sonst schmecken wir

wenig. Die Salzzugabe hat aber auch andere Gründe. Salz erhöht nämlich den Siedepunkt des Wassers geringfügig, und dies kann die Garzeit ein klein wenig verkürzen. Das mögen Sie ein bisschen spitzfindig finden. Und, ehrlich gesagt, ist es das auch, denn der winzige Temperaturunterschied bewirkt nichts Spürbares, kann also ins Buch der Grimmschen Küchenmärchen abwandern. Trotzdem: An das Thema der Siedepunkterhöhung muss der Wissenschaftler erinnern dürfen, selbst wenn das Salz keinen nennenswerten Effekt auf die Kochdauer hat.

Das Phänomen der Siedepunkterhöhung ist interessante Physik. Und es kann uns sofort einleuchten, auch wenn wir bisher nicht viele Details aus der physikalischen Chemie von

Mischungen gehört haben. Wassermoleküle sind allesamt Dipole. Dahinter verbirgt sich nicht anderes, als dass die Elektronen nicht gleichmäßig um das Molekül verteilt sind, sondern sich mit einer etwas höheren Wahrscheinlichkeit beim Sauerstoff aufhalten. Das ist zwar reine Quantenmechanik auf winzigsten Längen, für unser tägliches Leben aber spielt es eine große Rolle. Wassermoleküle sind um ihr Sauerstoffatom einen Hauch negativ und um die beiden Wasserstoffatome denselben Hauch positiv geladen. Schüttet nun ein hoffentlich nicht liebestrunkener Koch Salz dazu, dann halten die positiven Natrium- und die negativen Chlorionen des Salzes die Wassermoleküle ein wenig fest, sodass diese sich nicht einfach in der Luft verdünnisieren können, sprich verdampfen. Dafür brauchen wir eine etwas höhere Temperatur. Voilà: Siedepunkterhöhung. So können wir tatsächlich mit der Messung des Siedepunkts etwas über molekulare Kräfte zwischen Wassermolekülen und Salzionen lernen. Lustig, nicht?

Zurück zum Nudeltopf. Eine etwas wichtigere Rolle spielt das Salz nämlich bei der Osmose. Alle Nudeln, auch die aus der Packung oder Schachtel, waren in ihren jungen Jahren einmal Teig. Selbst wenn man ihnen das kaum noch ansieht: Irgendjemand hat, bevor die Nudeln getrocknet und abgefüllt worden sind, einen Pastateig hergestellt. Und auch wenn dieser irgendjemand eine Maschine war – ein glatter Teig aus Wasser und Getreide ist immer der erste Schritt. Da hilft uns Gastrophysikern die beste Nudelpackung nichts. Wollen wir der Nudel tatsächlich auf die Spur kommen, müssen wir ihren Teig unter die Lupe nehmen. Dazu kneten wir aus Hartweizenmehl und Wasser einen glatten Teig, den wir selbstverständlich auch salzen. Sonst schmeckt die Pasta lasch und von Beginn an wenig italienisch. Diesen Teig lassen wir ruhen, formen mittels Nudelmaschine oder anderen Hilfsmitteln wie Teigrädchen oder Messern die gewünschte Pasta und trocknen sie. So macht es die italienische Mama, so machen es große Produktionsstrecken bei industriell gefertigten Nudeln, sofern es sich um Hartweizenpasta – ohne Ei – handelt.

Physik des Knetens

Schon bei diesem Prozess finden wir fast zu viele physikalische Prozesse, über die wir nachdenken sollten, wollen wir das Pastagericht und sein Gelingen besser verstehen. Es beginnt bei der Teigherstellung. Mehl und Wasser bilden zunächst eine dicke Pampe, die erst nach und nach zu einem glatten Teig wird. Dieser Teig ist, physikalisch gesehen, äußerst merkwürdig. Ziehen wir langsam daran, dann können wir ziehen und ziehen, ein immer dünner werdender Faden bildet sich, der erst nach schier endlosem Deformieren so dünn wird, dass er reißt. Sind wir aber hungrig und ungestüm und ziehen sehr schnell am Teig, dann wird's nichts mit dem Faden. Der Teig reißt sofort. Dabei bildet sich eine breite und sehr zerfaserte Bruchstelle. Typischer Fall von Thixotropie, bemerkt der Fachmann achselzuckend: Ziehen wir langsam, ist das Material „Teig" zäh, also viskos. Aber gleichzeitig ist der Teig auch elastisch und reißt, wenn wir nur schnell genug an ihm zupfen. Sowohl viskos als auch elastisch, weswegen wir den Teig einfach „viskoelastisch" nennen wollen. Physiker meinen „elastisch" im Sinne eines elastischen Moduls. Viskos bezieht sich immer auf Flüssigkeiten. Eine viskoelastische Flüssigkeit verhält sich wie ein Festkörper unter schneller Beanspruchung, also schnellem Ziehen. Doch was, um Himmels willen, sollen diese materialwissenschaftlichen Fachbegriffe zu einem Zeitpunkt, da wir hungrig sind und uns auf das Pastagericht freuen? Ganz einfach: Teig fällt eben in diesen Materialtypus. Wäre es nicht so, gäbe es keine gute Pasta.

Mehl, besser Hartweizenmehl, bringt eine Reihe von physikalisch wichtigen Bestandteilen in den Teig. Dazu gehören Stärke und Proteine. Die Stärke, die übrigens in den Körnern beheimatet ist, besteht vor allem aus langen, kettenförmigen Kohlenhydratmolekülen. Zwei dieser Moleküle sind besonders wichtig: die Amylase- und Amylosepektinketten. Keine Angst, hinter diesen Namen verbergen sich lediglich spezielle Formen langer Zuckerketten, die sich chemisch immer sehr ähneln und physikalisch ein wenig unterscheiden. Wichtig für uns: Stärkekörner sind hart und fest, was sich auf die Kohlenhydrate zurückführen lässt. Mehl führt aber auch noch jede Menge Proteine mit im Marschgepäck. Fällt nun der Begriff Klebereiweiße, assoziieren wir damit sofort etwas Zähes, extrem Klebriges und schwer Formbares. Vollkommen richtig: Klebereiweiß und Kohlenhydrate sind für dieses zugleich zähe und elastische Teigverhalten verantwortlich, sobald wir ihn, wie gewohnt, geknetet haben.

Beginnen wir mit dem Knetprozess und geben Wasser zum Mehl. Dabei werden die Stärkekörner zunächst nur am Rand leicht aufgequollen. Das Klebereiweiß ist so beschaffen, dass es aus einer Vielzahl von wasserliebenden Aminosäuren aufgebaut ist. Klebereiweiß oder Gluten ist eine Mischung aus zwei verschiedenen Proteinen, dem Gliadin und dem Glutenin. Diese Proteine liegen zu Beginn – siehe Ei – in einer fest gefalteten, kugeligen Gestalt vor, die von schwachen moleküleigenen Bindungen (Wasserstoff- oder Schwefelbrücken) zusammengehalten werden. Bearbeiten wir das Mehl-Wassergemisch mit unseren Händen, so trennen wir dieses Proteingemisch nach seinen Bestandteilen auf und bringen die Proteine aus ihrer natürlichen globulär-kugeligen (oder faserig verschlungenen) Gestalt. Wir lösen also die proteineigenen Bindungen. Die Kugeln wickeln sich zu fadenförmigen Molekülen auf. Diese Proteinfäden sind sehr, sehr lang und können verschlaufen und verfilzen. Sie bilden während des Knetens ein riesiges Netz, wobei die noch harten Stärkekörner darin eingelagert werden. Dieses Netz ist, sobald wir schnell daran ziehen, elastisch wie ein Stück Gummi. Also verstehen wir schon allein dadurch das elastische Verhalten des Teigs.

Allerdings ist die Sache etwas komplizierter, denn wir haben ja zwei Netzwerke im Teig: Glutanin und Gliadin. Beide kennen ein unterschiedliches elastisches Verhalten, und so hängt die Elastizität des Teigs davon ab, wie viel von beiden sich jeweils im Teig befindet. Daher erklären sich auch die Unterschiede im elastischen Verhalten von Hartweizen, Weizen, Dinkel und so weiter. Roggen z. B. besitzt viel zu wenig von diesen elastischen Proteinen, weswegen aus Roggenmehl und Wasser allein kaum ein elastischer Teig entstehen kann. Und die Stärke? Zu diesem Zeitpunkt agieren die Körner lediglich als Füllstoff und – Vorsicht, Wortspiel – verstärken die elastischen Eigenschaften des Teigs. Aber auch das Salz wirkt direkt auf die Proteine beziehungsweise deren Zusammenhalt ein. Es trägt, wie meist, mit seinen Natrium- und Chlorionen gewaltig dazu bei, die proteininternen Bindungen aufzuknacken und bei deren Entfaltungsprozess mitzuwirken. Die Ionen schirmen die Ladungen mancher Aminosäuren ab, indem sich, je nachdem, positive oder negative Ionen drumherum gruppieren, sodass keine Wasser- oder Schwefelbrücken mehr gebildet werden können. Sie helfen uns daher schon zu Beginn bei der Knetarbeit, indem sie die gegensätzlich geladenen Aminosäuren der Proteinketten auf Abstand halten. Sehr freundlich von ihnen.

Zu lange darf aber kein Teig geknetet werden, denn sonst setzen Sie dem Klebernetzwerk zu sehr zu. Die Eiweißmoleküle werden immer kürzer, und die Netzwerkmaschen brechen auf. Es wäre so, als würden Sie bei einem Einkaufsnetz an zufällig ausgewählten Stellen die Maschen mit einer Schere aufschneiden. Wenn Sie nur oft genug schneiden, bricht das Netz und verliert seine Tragfähigkeit. Dies nennt man auch Perkolation.

Jetzt müssen die Nudeln trocknen. Das mühsam eingeknetete Wasser muss also wieder langsam aus dem Teig verschwinden, jedenfalls bis zu einem gewissen Grad. Das hat seinen Sinn, denn durch die Kneterei hatten wir das Proteinnetzwerk gebildet und die Stärkekörner gleichmäßig im Teig verteilt. Wenn wir jetzt durch sanftes Trocknen dafür sorgen, dass das Wasser wieder verdampft, bleibt die molekulare Struktur der Pasta nahezu erhalten. Die Nudelrohlinge werden nicht gänzlich austrocknen, einiges an Wasser wird über

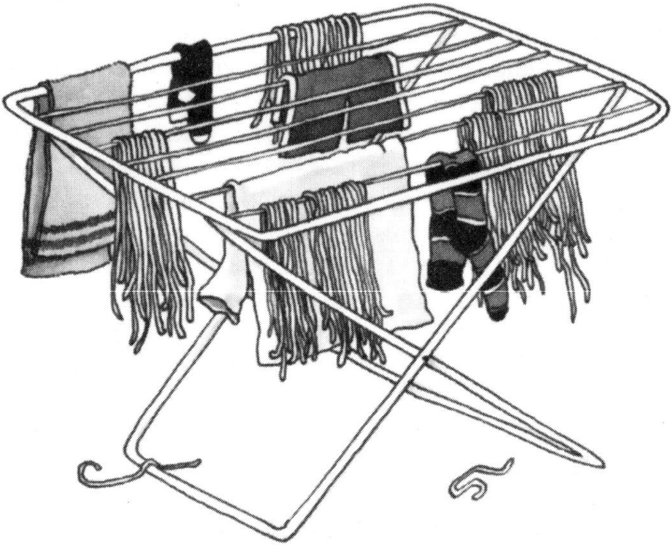

hydrophile Aminosäuren fest ins Proteinnetzwerk eingebunden. So schrumpft die Pasta während des Trocknungsprozesses geringfügig, es fehlt ja Wasser.

Noch etwas passiert, das zwar vollkommen offensichtlich, aber dennoch eine Bemerkung wert ist. Die im feuchten Zustand viskoelastische Pasta verliert ihre mechanischen Eigenschaften und wird spröde. Sie kennen das. Da fällt Ihnen einmal die Spaghettipackung aus Versehen zu Boden, schon ist ein großer Teil des Inhalts abgebrochen. Spröde und brüchig, das sind Eigenschaften, die wir intuitiv eher einem glasartigen Material zuordnen. Völlig korrekt: Durch das Trocknen wird – zumindest aus rein physikalischer Sicht – aus dem viskoelastischen Teig ein Glas. So nennen Physiker feste, harte Körper, bei denen keine kristalline Ordnung vorliegt, wie wir sie vom Salzkristall her kennen. Dort befinden sich (natürlich nur im Idealfall) alle Atome regelmäßig und mit immer gleichem Abstand an ihren zugewiesenen Plätzen, sodass jene wunderbaren, ätherischen Gitterstrukturen entstehen, die noch als riesige, scharfkantige Salzkristalle sichtbar sind. Bei unserem Pastateig mit seinen langen und komplizierten Molekülen ist so etwas nicht möglich. Die Kettenmoleküle bleiben völlig unregelmäßig auf ihren Plätzen sitzen. Ein Kristall kann sich nicht bilden, und so sind harte getrocknete Nudeln physikalisch ein Glas. Selbst wenn noch eine kleine Menge an Wasser in der Pasta bleibt.

Diese Wassermenge macht die Pasta „weich", was kein Widerspruch zu ihrem derzeitigen Zustand ist, da es die Fakten auf molekularer Ebene betrifft. Wäre auch das letzte Wassermolekül aus der Nudel verschwunden, wäre sie wirklich hart und spröde. Die Moleküle und das Netzwerk könnten sich überhaupt nicht mehr bewegen, sprich auf molekularer Skala hin und her wackeln. Da sie noch eine gewisse Molekularbewegung erlauben, dienen die Wassermoleküle dem Abstandhalten, sie sind ein „Weichmacher". Und das ist auch gut so, denn sonst hätten die Nudeln eine erheblich längere Kochzeit als die üblichen sieben bis neun Minuten, je nach Form oder Größe. Solange nämlich die Moleküle des Glutennetzwerks ausreichend wackeln und somit kurzzeitig Lücken entstehen, können immer wieder Wassermoleküle aus dem Kochwasser hindurch witschen, eindringen und die Nudel weitergaren.

Kochen, aufdrillen, quellen

Mittlerweile kocht das Nudelwasser, gesalzen ist es auch schon. Während wir die Pasta ins Wasser geben, fällt uns ein, dass wir immer noch nicht wissen, was der Begriff Osmose eigentlich soll. Es sprudelt heftig, und die Pasta beginnt ihren Garprozess. Die Nudeln quellen und nehmen dabei wieder Wasser auf. Das dauert aber seine Zeit, denn an dem Kochprozess ist nicht nur das bisher als Hauptakteur in den Vordergrund geschobene Proteinnetzwerk beteiligt, sondern auch die träge herumliegende Stärke. Genau, die befindet sich ja immer noch als Füllstoff im Glutennetzwerk. Im kalten Zustand konnte sie kaum Wasser aufnehmen und quellen, was vor allem an den Stärkemolekülen selbst liegt. Im natürlichen Zustand handelt es sich bei ihnen um sehr lange, harte, steife und daher nur schwer bewegliche Moleküle, die zu allem Übel auch noch zu Spiralen (Helices) verdrillt sind, ähnlich wie Drahtseile, die viel Last aufnehmen können. Das ist von Mutter Natur mit Bedacht so eingerichtet, denn Stärke trägt wie Zellulose zur Stabilität von Pflanzen bei. Und so kann in die Stärkekörner kaum kaltes Wasser eindringen. Wäre ja auch schlimm, wenn Pflanzen oder Getreide bei jedem harmlosen Regenguss sofort mit dem Quellen beginnen würden.

Diese Verdrillungen lösen sich erst bei etwa 70 Grad. Dann erweitert sich der Molekülabstand und Kochwasser kann viel leichter eindringen. Genau das passiert während des Kochens. Die Stärkekörner quellen auf, und die Nudel wird bekömmlich und verdaulich. Jetzt endlich kommt auch das Salz ins Spiel. Durch dessen schiere Anwesenheit ist es den pastaeigenen Salzen und Geschmacksstoffen kaum möglich, schnell mal ein Bad im Kochwasser zu nehmen. Salz erhält also zu einem nicht unerheblichen Teil den Eigengeschmack der Pasta. Auch wenn Supergourmets an der Existenz des Pastageschmacks zweifeln, physikalisch und thermodynamisch ist dieses Argument nicht von der Hand zu weisen.

War das jetzt Osmose? Schon, denn dieses thermodynamische Phänomen beschreibt angestrebte Ausgleichsprozesse. Befindet sich innerhalb der Nudel Salz, dann versucht dieses Salz ins Kochwasser zu drängen. Gleichzeitig stellt aber das Kochwasser fest, dass sich in der Nudel relativ wenig Wasser befindet, und drängt hinein. Es kommt, was kommen muss: Die Nudel entsalzt und nimmt dafür Kochwasser auf, während das Kochwasser mit Teigsalz gesalzen wird und sich selbst an die Nudel abgibt. Die Folge: fade Schlabbernudeln. Zuviel Austausch kann manchmal eben schaden.

Ihnen ist sicher aufgefallen, dass wir kein Öl oder Fett ins Kochwasser gegeben haben. Wir kommen auf die Sparstrumpfmast zurück. Öl gehört nicht ins Nudelwasser. Das bringt nichts. Es schwimmt immer auf der Oberfläche und ist weit davon entfernt, das zu bewirken, was es soll: das Zusammenkleben der Nudeln zu verhindern. Das Öl kann für bessere Zwecke gespart werden. Vergessen Sie entsprechende Ratschläge aus Kochbüchern. Was für ein Segen bei den heutigen Ölpreisen!

Aber nichtsdestotrotz: Das Zusammenkleben der gekochten Nudeln ist eine äußerst interessante Geschichte, der wir nachgehen sollten. Zuvor kochen wir die Pasta zu Ende, ganz wie beim Italiener um die Ecke: „al dente".

Was ist al dente? „Dente" sind Zähne, und offenbar verbindet „al dente" heutzutage jeder mit einer gewissen Struktur von Teigwaren. Nicht matschig und durchgeweicht, unsere Zähne sollen auch noch was zu tun haben, bissfest soll die Nudel sein. Physikalisch bedeutet dies: Die Nudel ist nicht ganz durchgekocht und auch nicht vollständig gequollen. Der Kochprozess muss rechtzeitig gestoppt werden, damit der Kern der Nudel kaum mit Wasser in Berührung kommt. Dazu ein einfaches Experiment: Kochen Sie Penne, das sind etwa ein Zentimeter dicke Rohrnudeln mit einer gewissen Struktur auf ihrer Oberfläche. Laut Packung haben Penne eine Kochzeit von etwa neun bis zwölf Minuten, je nach Dicke der Röhren. Nehmen Sie ab der Hälfte der Kochzeit im Minutentakt eine Nudel heraus und schneiden Sie sie mit einem Messer durch. Schon allein durch den Widerstand, den die Nudel dem Messer entgegensetzt, bekommen Sie ein mechanisches Gefühl für den Garzustand. Aber auch ein optisches. Im Querschnitt ist der Garzustand nämlich sofort zu erkennen: Der ungekochte und noch harte Kern des Pennemantels ist weiß, im Gegensatz zum gegarten Teil, der gelb ist. Dieser weiße Ring ist noch nicht gequollen und somit noch nicht gegart. Nach langer Kochzeit wird die Nudel vollkommen durchgegelbt, äh, durchgegart sein. Die Kunst des

„al dente“ besteht darin, diesen ungekochten Teil, der die Bissfestigkeit erzeugt, so dünn wie möglich zu machen, auf dass die Zähne noch einen gewissen Widerstand spüren.

Dabei ist der Garprozess selbst von so profanen Dingen wie Pasta gar nicht so einfach, zumindest aus Sicht des naiven Physikers. Das Nudelwasser ist ja schon gesalzen und verhindert, dass das Salz aus dem Nudelteig ins Wasser abgegeben wird. Ist die Salzkonzentration des Wassers höher als die der Nudel, wird die Nudel beim Kochen noch zusätzlich geringfügig gesalzen. Nicht schlecht, diese Osmose, wenn wir die richtigen Salzverhältnisse treffen.

Aber das Kochen von Nudeln ist auch ein regelrechtes Wettrennen. Wieso? Ganz einfach. Nehmen wir einmal an, wir legen eine Nudel für ein paar Tage ins heiße Wasser. Bald lösen sich die Amylaseketten aus dem Strukturgerüst der Nudel, was wir übrigens daran beobachten können, dass sich

mit zunehmender Kochzeit das Nudelwasser immer mehr eintrübt. Durch das Kochen lösen sich Kohlenhydrate im Wasser: Die Struktur der Moleküle in der Nudel wird weitmaschiger, und schon dringt mehr Wasser ein. Nun geht's den schwerlöslichen Kohlenhydraten selbst an den Kragen, die sich nach und nach lösen. Als Folge wird die Nudel matschig und von der Struktur her im Mund vollkommen unkulinarisch weich. Daher kochen wir im Normalfall die Nudel volles Rohr, schnell und zackig, sodass sie gar wird, ohne zuviel an ihren Molekülen zu verlieren.

Dennoch können wir auch bei normalen Nudelkochzeiten ein gewisses Austreten von Kohlenhydraten nicht verhindern. Diese Moleküle lieben eben das Wasser, weshalb sie versuchen, ihm möglichst nahe zu sein. Und schon haben wir den Salat. Nudeln, sobald sie nach dem Kochen auch nur wenige Minuten im Sieb liegen und leicht antrocknen, kleben aneinander wie siamesische Multigeschwister. Das stört zwar den Nudelliebhaber, der Forscher hingegen freut sich über interessante Physik. Vor allem, weil dieses Verkleben sehr leicht dadurch behoben werden kann, dass die Nudeln nach dem Wasserabschlagen in Olivenöl, Butter oder sonstigen Fetten geschwenkt werden.

Haarige Pasta

Gekochte Nudeln, wenn sie noch leicht feucht sind und sich gerade abkühlen, kleben gern zusammen. Sie bringen ihren eigenen Klebstoff mit. Und der kann teilweise sogar gesichtet werden: Das Nudelwasser wird immer etwas weiß. Diese Weißfärbung lässt sich, ebenso wie die aufkommende Schaumbildung, auf gelöste beziehungsweise an die Oberfläche getragene Proteine und Stärke zurückführen. Je länger die Nudeln gekocht werden, desto mehr treten die Polymerketten aus der Oberfläche der Nudel aus und gehen baden. Aber nicht nur das, die Oberfläche der Nudeln gestaltet sich äußerst haarig.

Aus der Oberfläche ragen immer Kohlenhydratmoleküle heraus, die wie molekulare Fangarme wirken. Aber genauer: Die Nudeln kochen und nehmen dabei Wasser auf. Das liegt vor allem daran, dass Kohlenhydrate (Polyzucker) entlang ihrer Molekülkette viele Sauerstoff-Wasserstoff-Gruppen, im Fachchinesisch OH-Gruppen, besitzen, die Wasserdipole problemlos anlagern können. Übrigens sind diese OH-Gruppen auch in einfachen Zuckern der Grund, warum sich Zucker überhaupt in Wasser löst.

Sind die Nudeln gar, ist die Oberfläche der Nudel auf molekularer Ebene nicht glatt, auch wenn wir dies mit bloßem Auge nicht wahrnehmen. Da die Nudeln im Wasser garen, löst sich ein Teil der Stärke – wegen der OH-Gruppen darin. Auch an der Nudeloberfläche lösen sich teilweise längere Kohlenhydratketten ab, die nun mit einem Teil ihrer Ketten ins Wasser ragen, mit dem restlichen Teil aber noch im Kettennetzwerk der Nudel eingebunden sind. Diese „Kohlenhydrathärchen" umlagern sich gern mit Wasser, denn aufgrund der OH-Gruppen sind sie hydrophil. Dabei wird die Polarität der OH-Gruppen abgeschirmt, d. h. sie wird deutlich schwächer. Auch bilden sich Wasserstoffbrücken aus. Diese neutralisierten Ketten einer Nudel können sich jetzt mit den Haaren der freundlichen Nachbarnudel verhaken, und schon haften beide Nudeln aneinander. Ebenso können sich „Internudelwasserstoffbrücken" über die Härchen bilden. Daher verkleben die feuchten und fingerhakelnden Nudeln gern, sobald sie leicht trocknen.

Um dies zu vermeiden, schwenken Sie die Pasta nach dem Abgießen des Wassers mit Öl. So umgeben Sie die Nudeln mit einem absoluten Wasserfeind. Fett ist unpolar und somit wasserunlöslich. Die Kohlenhydrathaare mögen das überhaupt nicht, für Polyzuckermoleküle ist Öl das reinste Gift oder, etwas besser formuliert, ein schlechtes Lösungsmittel. Die Kohlenhydratketten strecken sich nicht in das Öl, sondern „kollabieren". Um sich selbst vor dem Öl zu schützen, wird ihre ursprünglich im Wasser gestreckte Gestalt eher globulartig gefaltet. Sie wenden sich daher auch ganz der Nudeloberfläche zu, sodass der Verhakungseffekt kaum noch eine Rolle spielt. Benachbarten Nudeln fehlt die Verbindung, also gleiten sie aneinander ab. Die eingezogenen Härchen und das Öl wirken somit als „Schmierstoff".

Aus kulinarischer Sicht ist es sinnvoll, das Öl in Form von schmackhaften Pastasaucen beizugeben. Das geschmackliche Minimum wären also die an Öl und Knoblauch reichen „Penne alio e olio", die genügend schlechtes Lösungsmittel für die Kohlenhydrate und genügend Reize für den Gaumen mitbringen.

Das ist teilweise harte Polymerphysik von guten und schlechten Lösungsmitteln, von Oberflächenkräften, Anhaftungen usw. Vermutlich auch der Grund dafür, warum Loriots Nudel in dem berühmten Sketch diese abenteuerliche Kinn-Gymnastik durchführen konnte.

Eine Sauce für die Pasta gefällig? Etwas Kochtheorie

Eine Pasta ohne gute Sauce ist so überflüssig wie ein Kropf, und falls Ihnen das Knoblauchöl zu heftig ist, könnte ich die Gelegenheit nützen, eine wohlschmeckende und physikalisch bemerkenswerte Sauce zu kochen. Pastasaucen sind wie die meisten anderen Saucen eine Emulsion. „Was, Milch? Milch war doch auch eine Emulsion." Völlig richtig. Und daran zeigt sich, dass Gastrophysik gar nicht so schwierig ist. Wie wir sehen, müssen wir lediglich eine bereits entwickelte Idee in einen anderen Sachverhalt übertragen. Wissenschaft ist eben immer ziemlich bequem: Mit ein paar Prinzipien kommen wir schon sehr weit. Aber der Geschmack soll sich ja noch unterscheiden, und da liegt der Hase im Pfeffer. Hase, Pfeffer? Warum nicht einmal ein Hasenragout. Nur, wer findet schon Hasenfleisch, außer beim Jäger, sollte der zufällig einen geschossen haben. Genug der Schwelgerei, wir kochen hier aus wissenschaftlichem Forscherdrang und nicht aus Jux und

Dollerei. Deshalb belassen wir es bei einem Klassiker, einer Form der Sauce Bolognese. Sogar dieses sehr gewöhnlich anmutende Gericht, das Sie zu allem Übel auch noch vorgefertigt mit Geschmacksverstärkern in Dosen kaufen können, ist der reinste kulinarische Physik- und Chemieschlager. Wir müssen beim Zubereiten nur etwas genauer hinsehen.

Ist das Olivenöl schon heiß? Mehr als 150, 160 Grad sollte es nicht haben, denn was nun hineinkommt, möchte sanft gebräunt und nicht verbrannt werden. „Verbrannt" – allein der Begriff stinkt gewaltig nach Chemie, und genau darum geht es jetzt. Für unsere Bolognese – jede italienische Mama möge mir meine Vereinfachungen verzeihen – brauchen wir lediglich Olivenöl, Hackfleisch, feingehackte Zwiebeln, Knoblauch, Tomatensauce und kulinarische Geschmacksverstärker und Küchenaccessoires. Letztere könnten sein: getrocknete Tomaten als Glutamatersatz und ein ordentlicher Fleischfond. Dazu aber später mehr. Die Pfanne samt Öl ist schon heiß, und das Hackfleisch kann gebraten werden. „Gebraten" ist das Stichwort. Denn beim Hackfleisch ist das gar nicht so einfach. Diese winzigen Fleischstücke sind zum einen rasch durchgebraten, zum anderen sind aufgrund ihrer großen Oberfläche schnelle Wasserverluste die Regel. Wasser, besser bekannt als Fleischsaft, tritt leicht aus. Und wir begegnen einem Phänomen, das eher stört: Das Fleisch brät nicht, sondern köchelt in der Öl-Wasser-Emulsion. Dieses rein physikalische Phänomen ist einfach zu verstehen. Erstens kühlt unser Hackfleisch das Öl schnell ab, sobald es in die Pfanne oder in den Topf kommt. Zum anderen tritt Wasser aus dem Fleisch, emulgiert zuerst in feinen Tröpfchen ins Öl und verdampft langsam. Solange genug Wasser zum Verdampfen vorhanden ist, sprich ins Öl emulgiert, steigt die Temperatur nicht weiter an, sie bleibt bei knapp über 100 Grad. Immer mehr Wasser tritt aus dem Hackfleisch aus, weshalb die Temperatur längere Zeit bei 100 Grad verharrt. Das Fleisch kocht eher als dass es brät. Mein Ratschlag: Hackfleisch stets in angemessenen Portionen anbraten. Je weniger Wasser ins Öl gegossen wird, desto höher ist die Temperatur und desto effizienter auch die Bräunungsreaktion.

Wir können diesen unerwünschten Effekt allerdings auch positiv nutzen. Für unsere chemisch perfekte Pastasauce. Und das geht so: Nehmen wir die letzte Portion des angebratenen Hackfleisches aus der Pfanne und geben fein gewürfelte Zwiebeln dazu. Sofort zischt es, die Zwiebeln beginnen mit ihrem Bratprozess, setzen dabei wieder Wasser frei und lösen den „Bratensatz". Schnell ist das Wasser verdampft, und wenn wir jetzt nicht höllisch aufpassen, bräunen die Zwiebeln zu flott und werden bitter. Es wäre ideal, könnten wir die Temperatur der Bratensatz-Zwiebelmischung auf 110 bis 120 Grad halten, sodass die Bräunung langsam und kontrolliert vonstatten geht.

Dies führt uns zu einem bei Profiköchen beliebten Trick, der bei allen Saucen funktioniert und sie zu dunklen, wundersam sämigen Flüssigkeiten verwandelt, ohne dass irgendjemand auch nur irgendeinen Gedanken an Saucenbindung verschwenden muss. Geben Sie zu den schon leicht glasigen Zwiebeln etwas Fond. Gerade so viel, dass dieser sofort verdampft. Warum das? Ganz einfach, damit der Pfanneninhalt leicht abkühlt. Währenddessen rühren Sie weiter um und geben wieder einen Spritzer Fond dazu. Diesen Vorgang wiederholen Sie. Nun können Sie beobachten, dass trotz der Wasser- beziehungsweise Fondzugabe die Zwiebeln immer mehr bräunen. Und zwar langsam und kontrolliert. Die Temperatur der Bräunungsemulsion steigt gemächlich aber stetig an. Schließlich lösen sich immer mehr Moleküle aus den Zwiebeln darin auf; und es hat fast den Anschein, sie schmölzen. Aus physikalischer Sicht keine sehr korrekte Beschreibung. Mehr und mehr Kohlenhydrate begeben sich in die Emulsion und tragen zur Erhöhung der Temperatur, aber auch schon jetzt zur Stabilisierung und zur Steigerung der Viskosität der entstehenden Sauce bei. Wenn die Temperatur langsam steigt, bilden sich weniger der bitteren und störenden Maillardprodukte. Das kommt vor allem dem Wohlgeschmack der Sauce zugute, denn bei dieser Methode haben ihn Koch und Köchin komplett in ihrer Hand.

Geben Sie jetzt die bereitgestellten Schnipsel aus getrockneten Tomaten und den Knoblauch dazu. Auch diese Bestandteile können jede Menge Inhaltsstoffe an die Emulsion abgeben. Zuallererst Geschmack. Vor allem die getrockneten Tomaten gehören zu den natürlichsten Geschmacksverstärkern überhaupt, und ein kleiner Vorrat davon kann nie schaden. Aber diese Zutaten bereichern die sich bildende Sauce mit weiteren Stoffe, womit sie zur Erhöhung der Zähigkeit beitragen – und, worauf uns es hier vor allem ankommt, zur Siedepunkterhöhung des im Öl emulgierten Wassers. Siedepunkterhöhung? Genau, davon war schon beim Kochen des Nudelwassers die Rede. War sie dort kaum messbar und allein theoretisch von Belang, fällt hier, bei unserer Sauce, der Effekt wesentlich dramatischer aus. Denn bei den gelösten Stoffen handelt es sich um jede Menge Zucker, Polyzucker und andere größere Moleküle, die deutliche Auswirkungen auf die Siedetemperatur zeigen. Und damit auf die Bräunungs- beziehungsweise, wissenschaftlicher ausgedrückt, auf die Maillardreaktion. Dadurch gelingt es, bei gemäßigten Temperaturen die Bräunung zu steuern. Das Gemisch wird nie zu heiß, solange sich auch nur ein Tropfen Wasser darin befindet. Und so erhalten Sie eine dunklere Saucenfarbe mit wunderbarem Geschmack, den Sie über die jeweilige Bräunungstemperatur steuern. Falls Sie ein Thermometer mit ausreichendem Messbereich besitzen, können Sie die Temperatur nachmessen, was aber nicht so einfach ist, da das Thermometer nicht mit dem Topfboden in Berührung kommen sollte.

Die gelösten Stoffe tragen auch zur Sämigkeit der Sauce bei, und zwar gleich in doppelter Hinsicht. Zum einen erhöht jeder zusätzlich gelöste Stoff immer die Zähigkeit des entsprechenden Lösungsmittels. Zähigkeit oder Viskosität beschreiben das Fließverhalten einer Flüssigkeit. Bei Saucen können Sie dies direkt spüren: Dünne, also niedrigviskose

Saucen kommen sehr suppig daher, haben im Mund eine wässerige Struktur, zeigen oft wenig Geschmack und hinterlassen auf Zunge und Gaumen kaum einen kulinarischen Nachhall. Dicke und somit hochviskose Saucen sind aber auch nicht der Hit, denn sie haben eine breiig leimige Struktur. Sie bringen viel gelöste Stoffe mit, etwa Saucenbinder aus der Tüte, die zwischen Zunge und Gaumen eine fast schon feststoffartige Hinterlassenschaft erzeugen. Den Saucenbinder aus der Packung können wir getrost weglassen. Denn Bindung erzeugt das langsame Saucenkochen von selbst.

Jene großen Moleküle, die wir während unseres Saucenherstellungsprozesses aus Zwiebel, Hack und anderen Bestandteilen herausgelöst hatten, erhöhen die Zähigkeit, denn sie bewegen sich viel langsamer als die kleinen, flinken Wassermoleküle. Grob kann man sagen, die Beweglichkeit ist umgekehrt proportional zur Molekülgröße, aber das nur am Rande. Also bremsen die großen Moleküle das Wasser, die Hydrodynamik wird verändert, und die Zähigkeit steigt. Doch nicht nur das. Es befindet sich ja noch Fett im Topf. Dieses Fett ist sehr fein im Wasser verteilt, durch den ständigen Rührprozess zwingen Sie die Tröpfchen dazu. Damit dies so bleibt, kommen jetzt auch noch Proteine ins Spiel, die im Bratensatz reichlich vorhanden sind. Zwiebeln und Knoblauch haben schon einiges davon mitgebracht. Ihre Anwesenheit ist entscheidend, denn die Proteine sind immer grenzflächenaktiv. Wie wir bereits beim Ei gesehen haben, bestehen Proteine aus Aminosäuren, wovon es zwei Grundtypen gibt: wasserliebende und wasserhassende. Daher sind Proteine die verbindenden Moleküle, die zwischen den Erzfeinden Wasser und Fett vermitteln. Die Proteine legen sich so an die Grenzflächen zwischen Wasser und Fett, dass ihre fettliebenden, also wasserhassenden, Teile ins Öl ragen, und ihre wasserliebenden in die Wasserphase. Das kettenförmige Protein schlängelt sich durch die Wasser-Fett-Grenzflächen, vernäht sie wie ein Faden zwei Stofffetzen, und, schwuppdiwupp, sind die Öltröpfchen in der Sauce stabil und bleiben fein verteilt. Wegen der sich an den Tröpfchen befindlichen Proteine können sie sich nicht mehr vereinigen. Die Proteine wirken also als höchst effektiver Emulgator.

Die emulgierten Tröpfchen helfen der Saucenkonsistenz auf die Sprünge, denn die Fettkügelchen erhöhen die Viskosität der Sauce. Dies hatte sogar Einstein schon berechnet. Es sind also zwei wesentliche Strukturelemente, die die Zähigkeit und die Fließeigenschafen der Sauce bestimmen: gelöste Polymere und große Moleküle auf der einen Seite, fein emulgierte Fettkügelchen auf der anderen. Allein deswegen binden Butter oder anderweitige Fettzugaben die Sauce, sobald sie sich fein in der wässrigen Phase verteilen. Wir müssen nur dafür sorgen, dass die Fetttröpfchen stabil bleiben. Aber dafür haben wir ja die Proteine zur Verfügung. Und alles ist schon drin! Warum also um Gottes Willen noch Saucenbinder hinzugeben, die eine feine Sauce Bolognese zu einem unerwünscht festen Kleister verwandelt?

Es gibt übrigens einen weiteren Grund, warum wir so angestrengt an der Pfanne herumhampeln und immer nur kontrolliert wenig Fond dazugeben. Wegen des konzentrierten Geschmacks natürlich. Das sollte – trotz der ganzen Wissenschaft – keineswegs vergessen werden.

Unsere Saucengrundlage ist jetzt schon soweit gediehen, dass wir langsam das Tomatencoulis aus unserem Asservatenschrank zugeben und noch etwas köcheln lassen. Auch das gebratene Hackfleisch kommt jetzt wieder in die Pfanne, und wir schmecken ab: Thymian oder andere Kräuter, Gewürze, was eben die Lust und der kulinarische Verstand hergeben. – Lassen Sie sich dabei bloß nicht von Wissenschaft leiten. Schmecken Sie kurz vor dem Servieren ab und rühren noch einen guten Schuss fruchtiges Olivenöl darunter. Dies aus geschmacksphysikalischen und strukturellen Gründen, denn ein paar weitere Öltropfchen schaden der Emulsion auf keinen Fall.

Ganz professionell wickeln wir die Spaghetti um die Gabel, die wir am Tellerrand abstützen, oder fischen, je nach Partikelgröße der Sauce, Pasta für Pasta aus dem Teller. Bevor wir sie zum Mund schieben, betrachten und beschnuppern wir sie. Da geht uns ein Licht auf: Die Sauce haftet fest an der Pasta und erzählt uns von der italienischen Liaison, warum Mamas Pasta die beste ist. Aber wieso haftet die Sauce überhaupt so gut an der Nudel? Es sind die wundersamen Eigenschaften von Emulsionen, die für gute Nudelhaftung sorgen: Die physikalisch – und hoffentlich auch geschmacklich – komplexe Sauce bringt alle nötigen Moleküle mit den entsprechenden Eigenschaften mit: Gelöste Kohlenhydrate, Proteine mit amphiphilen, also wasser- und fettliebenden Eigenschaften, und selbstverständlich Wasser. So kann die Sauce samt Geschmack sich auf der Pastaoberfläche niederlegen und zum Mund geführt werden. Physikalisch und auf molekularer Ebene kein Problem. Und spätestens jetzt erkennen wir, warum eine gute Saucenbindung auch für ein simples Pastagericht dienlich ist: Denn auch wenn wir Sauce samt Pasta und Gabel hochheben, sollten die molekularen Kräfte so stark sein, dass sich die Sauce unter der Schwerkraft nicht in ihre Bestandteile zerlegt und Krawatten, Hemden oder Blusen verkleckert. Nur die großen Hackfleischtrümmer „stören", aber dafür gibt es ja die Gabel und verschieden Pastaformen. Und deshalb wünschen Italiener zu jeder Sauce eine extra Pasta.

Struktur oder Textur?
Zungenmechanik – Gehirnakrobatik

Diese einfachen Saucenüberlegungen zeigen uns etwas ganz Elementares über unser Essen und unsere Geschmacksempfindung. Und vor allem darüber, wie physikalische Strukturmerkmale, etwa die Tröpfchengröße, das Mundgefühl steuern können. Erinnern Sie sich noch? Unsere Zungen hatten schon mit der Vinaigrette des Salats gespielt und die relativ großen Tropfen der Öl-in-Wasser-Emulsion zerlegt. Vermutlich war die Vinaigrette etwas niedrigviskoser, es sei denn, Sie haben Mayonnaise oder dergleichen verwendet. Die Sauce hingegen ist viel dickflüssiger, ihre Tröpfchen sind kleiner und feiner verteilt. Und eben diese Feinheiten spürt unsere rezeptorenreiche Zunge.

Unbewusst, aber systematisch befasst sich unser Zunge-Gaumensystem mit all diesen komplexen Strukturen und zerlegt sie in ihre Teile. Dabei zerdrückt die Zunge die Öltröpfchen, sodass diese gezwungen werden, sich zu größeren Gebilden zusammenzulagern und gleichzeitig ihre Geschmackstoffe auf Zunge und Gaumen zu adsorbieren. Dort angelangt, werden die Geschmackstoffe wieder freigesetzt, um nach und nach, je nach molekularen Eigenschaften, die Rezeptoren im Nasen-Rachen-Raum zu befluten und dabei alle ihre kulinarischen Geheimnisse preiszugeben.

Der komplexe Geschmack ist das eine. Das andere, mindestens genau so wichtig, sind die komplexen Strukturen, wie Emulsionen und deren Tröpfchengröße. Zunge und Gaumen ertasten zunächst die Struktur, um sie so zu verändern, dass erst danach Geschmack freigesetzt werden kann. Für diese Prozesse wird in der modernen Gastroliteratur gern der Begriff Textur verwendet, was den Kern aber nicht ganz trifft. Denn Textur beschreibt stets eine eher subjektive Wahrnehmung. Und die ist sogar in der Lage, uns etwas vorzugaukeln. Wenn ich Ihnen etwa den Begriff „Stück Schokolade" zuwerfe, werden Sie in etwa so reagieren: Schmelz, Geschmack, Mundgefühl, polymorphes Schmelzen (was immer das auch heißen mag). Hätten Sie aber nie im Leben Schokolade gegessen, blieben all diese Assoziationen aus. Ihr Nervensystem würde Ihnen unbekannte Information ans Hirn weiterleiten, die Sie zunächst mit nichts verbinden könnten. Nur so wäre Ihr Geschmacksempfinden einigermaßen objektiv, wenn es Ihnen auch nicht viel nützte. Sie könnten erst dann entscheiden, ob Sie noch einmal dieses dunkle, schmelzende Zeug wieder in den Mund nehmen oder nicht. Da Sie aber vermutlich schon einiges an Schokolade genossen haben, reagiert Ihr Gehirn auf jedes neue Stück Schokolade mit der Summe all der Schokoladenerfahrungen Ihres bisherigen kulinarischen Lebens. Ziemlich subjektiv, wenn Sie es sich recht überlegen, denn vielleicht nehmen Sie gerade einen Kaffee, oder Sie haben eine Erkältung, oder Sie befinden sich einfach in guter oder schlechter Stimmung. All diese Empfindungen werden Ihre Beurteilung beeinflussen.

Das vielleicht eindrucksvollste Beispiel des Unterschieds von Struktur und Textur gab es wohl in dem mehrfach preisgekrönten Tatort „Frau Bu lacht" des Bayerischen Rundfunks zu sehen. Kommissar Batic bekommt knusprige Süßigkeiten angeboten. Sie schmecken ihm, er isst sie mit Genuss. Auf seine Nachfrage, was denn das für tolle Dinger seien, bekommt er von einem koreanischen Jugendlichen die Auskunft „Knusperfrosch mit Schokolade umhüllt". Das seien junge

Frösche, und immer wenn man auf die Knöchelchen beiße, gebe es dieses knusprige Gefühl. Batic wird es umgehend schlecht, sein Kollege Leitmayr muss den Dienstwagen anhalten, damit Batic sich auskotzen kann. Selbstverständlich stellt es sich heraus, dass Batic schwer verschaukelt wurde, denn es handelte sich tatsächlich um nichts anderes als Krokantkonfekt, und er hatte sich völlig grundlos übergeben.

Physikalisch messbar, und somit naturwissenschaftlich objektiv, sind also lediglich Strukturparameter. In Fall des Kommissars Batic die Knusprigkeit, die Härte, die spröden mechanischen Eigenschaften. Unsere Zähne, Zungen und Gaumen sind lediglich Teil eines physikalischen Messapparats, der Messgrößen wie Viskosität, Elastizität oder Brucheigenschaften von Nahrungsmitteln abfragt und austestet. Erst unser Gehirn setzt diese Strukturinformation um und vergleicht die Konsistenz mit unseren Erfahrungen. Dies wird aber, zusammen mit den Geschmackskomponenten, von jedem unterschiedlich interpretiert, je nach Herkunft, Esserfahrung und Kultur. Höchst komplex das Ganze. Deshalb bleiben wir – ganz physikernaiv – bei dem messbaren Begriff Struktur.

Lammkotelett in Kollagen

Nun ist so ein einzelner Pastagang nicht jedermanns Sache. Manch einer bleibt hungrig. Und diesem Zeitgenossen soll etwas gebraten werden. Selbstverständlich mit dem Nebeneffekt, dass wieder eine ganze Reihe physikalischer und chemischer Beobachtungen angestellt werden können. Also kurzbraten wir noch ein kleines Stück Fleisch. Huhn, Rind? Warum nicht einmal ein Lammkotelett? Das geht schnell, und wir kommen mit etwas ganz Besonderem in Berührung: mit reinem Muskelfleisch, mal mehr, mal weniger mit Fett durchsetzt. Das ist entscheidend, denn die Zusammensetzung des Fetts bestimmt letztlich die Garmethode. Vor allem, mit wie viel Hitze und wie lange das Stück Fleisch befeuert wird.

Wer hat sich nicht schon mal über ein völlig trocken gebratenes Hühnerbrüstchen geärgert oder über das vollkommen ledrige Rinderfilet? Schade ums Geld. Deshalb hier eine kleine Einführung in die physikalische Pfannentheorie.

Die zentrale Frage ist, was mit den Eiweißen beziehungsweise den Proteinen während des Erhitzens passiert. Was uns kurzerhand zu der Frage führt, warum die Garzeiten eines Rinderfilets und eines Hähnchenschnitzels so unterschiedlich sind, selbst wenn gleich dicke Fleischstücke verwendet werden. Fleisch, so vermutet der Novize der Gastrophysik, besteht doch vor allem aus gleichen oder ähnlichen Proteinen. Von wegen gleich! Aus allein 20 Aminosäuren bastelt die Natur zehntausende verschiedener Proteine für alle möglichen Verwendungszwecke. Von Muskelgewebe zu Bindegewebe, von einfachen biologischen Funktionen im Körper bis zur Gestalt von Blutzellen. Einen Hauch von Physik und Biologie der Proteine hatte uns ja schon das Frühstücksei gelehrt. So ein Ei ist, zumindest was Huhn und Gockel anbelangt, ein noch nicht fleischgewordenes Tier.

Wie sieht mageres Muskelfleisch eigentlich genau aus? Uns interessiert vor allem die physikalische Perspektive. Es besteht aus Bündeln zahlloser Muskelfasern, die aus feinen Strängen aufgebaut sind. Und die bestehen wiederum aus Proteinen. Die Muskelfasernbündel gleichen dicken, festen Stahlseilen, gewickelt aus vielen Strängen, die aus strammen Proteinfasern bestehen. Ließe sich ein Muskel unter einem leistungsstarken Mikroskop betrachten, wäre der kleinste gemeinsame Nenner das fein abgestimmte Zusammenspiel von langen, verzwirbelten Proteinsträngen wie Aktin, einem Eiweiß namens Myosin sowie einem Molekül, das Sportlern und Bodybuildern unter dem Kürzel ATP (Adenosintriphosphat) bekannt ist. Und wie im Stahlseil sind auch hier die einzelnen Bündel fein säuberlich voneinander getrennt. Durch einen dünnen Mantel aus Kollagen, einem weiteren Protein, das eigentlich darauf getrimmt ist, Stabilität und Bindung zu geben, Bindegewebe also. Das ist schon einmal eine gute Nachricht, aber auch eine, die uns zur größten Sorgfalt verpflichten sollte. Denn der Kollagenmantel ist sehr, sehr dünn. Mit bloßem Auge kaum zu erkennen.

Legen wir ein Rindersteak mit seinen tiefroten Muskelfasern oder eben unser Lammrückensteak mit Fettmantel in die Pfanne, so entzwirbeln sich die Muskelproteine relativ leicht. Kaum kommen sie mit der heißen Pfanne in Berührung, schon winden sich die verdrillten Seile auf, durchdringen sich gegenseitig und bilden das Netzwerk, das bei Proteinen immer den Garzustand signalisiert. Dabei sind die Muskelfasern der Prozedur ziemlich schutzlos ausgeliefert, der dünne Kollagenmantel ist gegen die Pfannenhitze machtlos. Wie auch die Muskelproteine ist das Kollagen verdrillt und muss auseinandergezwirbelt werden. Dazu braucht es Energie, denn von allein werden die Kollagene das nicht tun, zumal sie ja im biologischen Urzustand am lebenden Tier für Stabilität sorgen sollen.

Jetzt kommt die Physik ins Spiel. Solange die Kollagenmoleküle „schmelzen", besser gesagt sich entzwirbeln, solange wird die zugeführte Energie allein dafür verbraucht. Das bedeutet, dass die Temperatur in den Muskelfasern nicht weiter steigt. Sie können sich entfalten, ohne sich zu verhaken. Das Fleisch bleibt daher zart. Sind aber alle Kollagenmoleküle aufgezwirbelt, kann die Pfannenhitze ungebremst auf die Muskelfasern prallen, und schon entfalten sie sich nicht nur, sondern vernetzen sich auch schnell. Die Folge ist spürbar: das Fleisch wird zäh wie Leder. Kaum mehr zu kauen. Kollagen schützt Muskelfleisch, weil es bei etwas niedrigen Temperaturen denaturiert. Da aber im Muskelfleisch nicht viel davon vorhanden ist, ist Vorsicht geboten. Kurzbraten will also gelernt sein.

Was einfach aussieht, ist oft schwierig, denn es steckt eine ganze Reihe physikalischer Tücken darin. Vor allem ist es die Wärmeleitung, die der Zartheit zu schaffen macht. Das Öl in der Pfanne hat etwa 150 bis 180 Grad, während die Kerntemperatur des Steaks oder des Lammkoteletts 60 Grad nicht übersteigen sollte. Die Wärme wird von der Pfanne ins Innere des Fleisches geleitet. Diese Wärmeleitung folgt Diffusionsprozessen, und somit ist die Zeit, die die Hitze braucht, um zum Kern vorzudringen, durch die Wärmeleitungskonstante gegeben. Beim Fleisch ist die Wärmeleitungskonstante allerdings keine Konstante – wir kennen das schon vom Frühstücksei. Selbst wenn Sie das Steak aus der Pfanne zum Warmhalten nehmen, ist die Oberflächentemperatur noch sehr hoch. Diese wird zwar in die Umgebung abgestrahlt, aber nur zum Teil. Ein großer Anteil macht sich auf den Weg zum Kern. Und so kann es passieren, dass dort allein aufgrund der Wärmediffusion die Temperatur zu hoch wird. Es ist daher immer besser, das Fleisch früher aus der Pfanne zu nehmen und dafür etwas länger ruhen zu lassen. Warum nicht im 60 Grad warmen Ofen oder in der Wölbung zweier gegensätzlich aufeinander gestellter Suppenteller? Generelle Regeln für diese Zeiten gibt es leider nicht. Sie hängen von Fleischart, Fleischstück, Dicke, Wassergehalt und so weiter ab. Hier ist Küchentechnik nichts als praktische Erfahrung.

Solche zarten und zerbrechlichen Fleischstücke sind nichts für den Grill, denn dort ist die Hitzebefeuerung noch härter als bei einem glatten, wohlbeölten Pfannenboden. Die hauchdünnen Kollagenummantelungen sind für das glühende Dauerfeuer viel zu zart besaitet. Deshalb muss das Grillfleisch vor Fett triefen. Tatsächlich spielt das in den Steaks eingelagerte Fett eine zentrale physikalische Rolle. Am besten eignen sich schöne Schweinenackensteaks, deren Fetteinlagerungen deutlich sichtbar sind. Dabei ist es wichtig, das Fettsäurenspektrum von Schweinefett zu kennen, das weitaus reichhaltiger ist als das von Pflanzenölen. Allerdings enthält es auch die oft als Horrorfette deklarierten ungesättigten Fettsäuren. Etwa die Palmitinsäure, die sich bei 62 Grad verflüssigt, oder die Stearinsäure, die erst bei 69 Grad schmilzt. Und diesen Effekt nützen wir auf dem Grill rein physikalisch, denn solange etwas schmelzen, oder sich molekular umwandeln kann und dazu Energie benötigt, solange steigt die Temperatur nicht. Alle Energie wird zum Schmelzen gebraucht. Siehe Kollagen.

Der Trick zieht auch hier. Zuletzt schmelzen die ungesättigten Fettsäuren, je nach Art bei etwa 50 bis 70 Grad, und solange sie nicht vollständig verflüssigt sind, wird die Temperatur in ihrer Umgebung, also im Kern des auf dem Grill brutzelnden Schweinenackens, nicht über 70 Grad steigen. Und gerade bei dieser Temperatur denaturieren die Proteine des Fleisches. Daraus schließen wir messerscharf, dass genug Fett zum Schmelzen vorhanden sein muss, damit die Temperatur lange gehalten wird. Folglich rollen sich während des Schmelzens der gesättigten Fettsäuren die fest gewickelten Proteine langsam auf, das Fleisch gart gemächlich vor sich hin und bleibt zart und braucht sein Leben nicht als Schuhsohle beschließen.

Das Ganze noch einmal in Zeitlupe: Das Stück Fleisch liegt auf dem Grill und wird von der glühend heißen Kohle mit Hitze angestrahlt und befeuert. Sofort bildet sich eine Kruste, und die Hitze diffundiert nach innen weiter. Dann beginnen die Fette bei entsprechender Temperatur zu schmelzen. Allerdings nicht alle auf einmal, sondern schön nach Sättigungsgrad geordnet und gestaffelt, zuerst die ungesättigten, dann die gesättigten. Dieser langsame und kontrollierte Schmelzvorgang der Fettsäuren benötigt Energie, sodass die Temperatur im Innern des Steaks nicht weiter steigt. Die Fleischproteine können langsam und gemächlich denaturieren. Im Idealfall ist die Außenseite appetitlich gebräunt, und der gegrillte Schweinenacken zum Genuss bereit.

Doch jetzt wollen wir endlich zum Thema kommen und die Lammkoteletts braten. Meist haben diese Fleischstücke einen Fettrand, den wir ein paar mal einschneiden müssen, damit sich das Fleischstück nicht mit der ersten Hitzeberührung in der Pfanne nach oben wölbt und so ein gleichmäßiges Garen verhindert. Die einfachste Lösung wäre, den Fettrand komplett zu entfernen. Schade darum, denn das Fett trägt ja erheblich zum Geschmack bei. Also hilft nur einschneiden, so wie es in jedem Kochbuch steht. Aber warum?

Die Erklärung ist ganz einfach: Der Rand besteht nicht nur aus reinem Fett, sonst würde das Fett einfach ungehindert in die Pfanne abschmelzen. Sicher, das passiert auch, dennoch muss das Fett getragen, von einem „Gerüst" gehalten werden. Dieses Gerüst können wir sogar sehen, und zwar immer dann, wenn wir Fett, Speck und Konsorten auslassen. Nach einiger Bratzeit bleiben knusprige, wundersam schmeckende Trümmer übrig, die Genießer keinesfalls verschmähen, sondern bei passender Gelegenheit knabbern – oder, wie es die Provenzalen lieben, in einem aperitiftauglichen Teiggebilde namens Fougasse verbacken.

Dieses netzartige Proteingerüst muss so geartet sein, dass es Fett einfangen und einsperren kann. Dabei ist das Gerüst „geschwollen", und wir können es uns wie ein pralles, mit Orangen gefülltes Einkaufsnetz vorstellen. Geben wir Fettrand samt Fleisch in die Pfanne, beginnt das Fett zu schmelzen und läuft aus dem Netz davon. Jetzt fehlt dem Netz das Quellmittel, es muss sich zusammenziehen – und es passiert, was passieren muss. Volle Breitseite läuft das Fett aus dem Fettmantel rings um das Kotelett, mangels Masse zieht sich das Proteingerüst zusammen, und schon übt es eine nicht unerhebliche Kraft entlang des ganzen Durchmessers auf das Kotelett aus. Dem Fleisch bleibt keine weitere Ausweichmöglichkeit, als sich zu wölben und den Rand dabei nach oben zu stülpen. Dadurch wird die Pfannenauflagefläche sehr klein, und das Kotelett gart völlig ungleichmäßig.

Schneiden wir den Fettrand entlang des Koteletts ein, passiert auf molekularer Ebene im Grunde genau dasselbe, allerdings ist die Kraft des sich zusammenziehenden Proteingerüsts auf viele Teilstücke begrenzt, sodass der Effekt aufs Gesamtkotelett ausbleibt. Ähnliche dramatische Geschichten passieren übrigens auch beim Braten von Fisch mit Haut. Das Bindegewebe der Haut denaturiert rasch, lange bevor das Fischfleisch gart. Schon wölbt sich die Hautseite des Fisches nach innen, und Ihr Traum von der auf der Haut gebratenen Dorade ist dahin. Fischköche und solche, die es werden wollen, legen deshalb zuerst den Fisch auf die Fleischseite, bevor sie ihn auf der Hautseite fertig garen. Oder sie ritzen die Haut mit einer Rasierklinge oder einem hauchdünnen Skalpell ein. So können die auftretenden Spannungen nicht auf das gesamte Filet weitergegeben werden, und die Fischhaut ist so, wie Sie es von Ihrem Avantgarderestaurant nebenan gewohnt sind. Überall gleichmäßig gebraten.

Uns raucht jetzt aber der Kopf von diesen heißen Theoriegeschichten. Und überhaupt, allerhöchste Zeit für das Dessert, weshalb wir uns nach diesem ganzen Hantieren mit Ofen und Pfannen eine kräftige Abkühlung verschaffen wollen. Am besten mit einem kühlen, feinen Eis.

Gelato, glace, granité – süße Kristalle

Im italienischen Wort für Eis, gelato, steckt schon das Wort Gel verborgen. Und wenn es im Französischen auf den Straßen friert, gibt es nicht etwa „glace", sondern „gel". Gel? Gelieren? Hier eilt offenbar die Sprache der Physik voraus und verwendet einen Strukturbegriff, der viel über die Beschaffenheit des Eises verrät. Und damit sind wir schon wieder mitten drin in dem Wechselspiel von Struktur und Geschmack. Jeder Gedanke an „Eis" als Beigabe zum Dessert lässt uns unmittelbar an etwas Kaltes, aber sehr Weiches mit einem Mundgefühl voller Geschmeidigkeit denken. Wie absonderlich dieser Gedanke im Grunde ist, wird uns erst klar, wenn wir direkt ins Eis hineinschauen. Dort sehen wir eine ausgeprägte Kristallstruktur mit ganz anderen Eigenschaften.

Wie jeder Kristall, etwa das grobe Salz in Form von „fleur de sel“, mit dem wir gerade noch unser Kurzgebratenes bestreuten, ist auch Eis hart und fest. Eben ein „Festkörper“ in der Physikersprache. Und da wir beim Festkörper sind, ist es endlich an der Zeit, sich das Wasser einmal genauer anzuschauen.

Der Spruch, dass auch der beste Koch nur mit Wasser kocht, hat schon etwas für sich. Wasser ist die Hauptzutat der meisten Küchenaktionen, vor allem ist es ein ausgezeichneter Energieträger. Und es bestimmt unser tägliches Leben. Wir trinken es nicht nur, Wasser ist auch Standard für die Temperaturskala. Sein Gefrier- und Siedepunkt legt unsere gewohnte Celsiustemperaturskala fest. Gerade eben haben wir noch unsere Pasta bei fast 100 Grad darin gekocht, und jetzt kühlen wir es unter Null Grad ab, um es in einen anderen Aggregatzustand zu überführen. Wasser ist also in allen seinen Formen beim Hantieren in Küchen sehr einträglich, ob als Gas beim Dämpfen, als Flüssigkeit beim Pochieren oder als Festkörper beim Dessert. Alle diese Eigenschaften kommen unserer Alltags-Küche entgegen und lassen sich auf die Struktur der Wassermoleküle zurückführen. Wassermoleküle, H_2O, sehen ein wenig aus wie Micky-Maus-Köpfe: Ein großes Sauerstoffatom (das wäre Mickys Kopf) und daran zwei etwas kleinere Wasserstoffatome (diese wären Mickys Ohren). Dazu später mehr. Das Wassermolekül besitzt aber noch eine Eigentümlichkeit, die viele Eigenschaften des Wassers bestimmt. Wasser ist, wie schon angesprochen, ein Dipol, ein Molekül mit einer positiven und einer negativen Seite. Diese Dipoleigenschaft sorgt zum Beispiel dafür, dass sich die Wassermoleküle in der Flüssigkeit und im Eis nur so anordnen können, dass sich die positive Seite zur negativen Seite hinwendet. Gemäß der physikalischen Regel: Gegensätze ziehen sich an. Schon bilden sich sehr kurzlebige Strukturen im Wasser, die von wichtigtuerischen Esoterikern und selbsternannten Biophysikern mit Eigenschaften überhäuft werden, dass sich dem nüchternen Wassertrinker der Magen umdreht.

Wasser habe ein Gedächtnis, heißt es, Wasser heile, Wasser trüge Information mit sich, Wasser speichere Photonen und weiß der Geier was für Unsinn mehr.

Zurück auf den Boden der Tatsachen. Die Dipoleigenschaft ermöglicht auch die Kristallbildung in der Form, wie wir sie kennen. Wir zaubern Eis, granités oder Halbgefrorenes. Trotz der Assoziation luftig-cremiger Desserts ist Eis eher unkulinarisch. Lecken Sie einmal an einem großen Eisblock. Außer der unangenehmen Kälte werden Sie nichts spüren. Der große Eisblock schmilzt viel zu langsam auf der Zunge, er benötigt dazu viel zu viel Energie, die Ihre Zunge in Form von Wärme gar nicht so schnell aufbringen kann. Sie kühlt deshalb viel zu schnell ab, und Sie wenden sich entsetzt ab. Struktur, Sensorik und Zunge passen so überhaupt nicht zusammen. Also müssen die Kristalle kleiner werden. Nur so schmelzen sie langsam und geben ihre Aromen je nach Wunsch frei. Die Kristallgröße bestimmt Geschmack und Aroma. Deshalb werden Sie ein schlichtes feinkristallines Himbeereis als „Speiseeis“ ganz anders empfinden als ein granité de framboise mit etwas gewollt größeren Kristallen. Und schon wird der Zusammenhang von Struktur und Geschmack wieder einmal deutlich.

Man muss kein Küchenhexer sein, um Eis und Parfaits auch ohne Eismaschine zuzubereiten. Wir brauchen Geduld – und das gerade erworbene Verständnis, welche Empfindungen Eiskristalle auf unseren Zungen auslösen. Einen besseren Selbstversuch zur Struktur-Geschmacksbeziehung gibt es kaum. Fruchteis und Parfaits aus Himbeeren sind das Ziel. Dazu pürieren wird das Fruchtfleisch der Beeren fein, lösen Puderzucker darin auf, geben je nach Geschmack etwas Kirschwasser dazu, und ab ins Gefrierfach. Der Gefriervorgang darf nicht sich selbst überlassen werden, denn die Größe der Eiskristalle ist für den Geschmack entscheidend: Je kleiner, desto besser: Sie schmelzen schneller und entziehen der Zunge viel weniger Energie, sodass diese weniger abkühlt. Als sehr angenehm wird weiches, schaumiges Eis empfunden. Um Luft unterzuheben und die sich bildenden Eiskristalle möglichst klein zu halten, wird das Eis während des Gefrierens alle 30 Minuten kräftig geschlagen.

Parfaits benützen einen Trick, der uns von Schäumen bekannt ist. Schäume sind komplexe Gebilde aus Luftblasen, Wasser und Proteinen, und sie sind mit grenzflächenaktiven Molekülen stabilisiert. Deshalb stellen wir erst einen Fruchtschaum her: Dazu verrühren wir Eigelb (grenzflächenaktiv) mit Zucker, geben obiges Fruchtpüree dazu und heben steif geschlagene Sahne mit all ihren Luftblasen und ihrem Fett unter. Eis, so verrät der Blick durchs Mikroskop, besteht aus kleinen Fettteilchen, umgeben von Luftblasen und Eiskristallen. Es ist eine Emulsion. Um das Fett vor der Verklumpung zu schützen, muss die Fettmatrix durch Milchproteine stabilisiert werden. Die andere Komponente ist eine Zuckerwasser-Lösung, aus der sich während des Abkühlprozesses Eiskristalle bilden.

All diese Beigaben, wie Sahne, Zucker, Früchte und so weiter und so fort, sind nicht nur Geschmackskosmetik. Ihnen werden ganz klare physikalische Aufgaben zugewiesen, sie agieren als erwünschte Störenfriede! Diese physikalischen „Störstellen" verhindern durch ihre bloße Anwesenheit das Wachstum von großen Kristallen. Richtige Wachstumshemmer. Das können Sie sich leicht vorstellen. Immer wenn ein wachsender Kristall eine Luftblase oder einen riesigen Fetttropfen der Sahne vorfindet, ist sein Wachstum empfindlich gestört. Wenn dies an vielen Stellen im werdenden Parfait vorkommt, bleiben die Kristalle klein.

Eine weitere Zugabe verhindert ebenfalls eine große Kristallbildung: das Eigelb. Denn Eigelb enthält viel Lecithin, und das ist – siehe Frühstücksei – ein Emulgator, der sowohl Wasser als auch Fett liebt. Somit klammert sich Lecithin beim Mischen von Wasser, Sahne samt Geschmackskomponenten sowohl an Wasser als auch an Fett. Das so ans Fett geklammerte Wasser steht für eine ungestörte Kristallbildung nicht mehr zur Verfügung, denn es schleppt ja immer einen –

zumindest aus molekularer Sicht – dicken Fettbatzen mit sich herum. So verhindert auch Lecithin die Bildung von großen Kristallen. Lecithin ist aber auch ein Zusatzstoff, der manchmal den Geschmack stören kann, z. B. wenn Eigelb schlicht und ergreifend nicht erwünscht ist.

Hier setzt die Forschung kaum Grenzen, auch Proteine emulgieren hervorragend. Das ist uns schon von der Milch bekannt, wobei bestimmte Kaseine die Fettkügelchen in der Molke stabilisieren. Daher liegt es nahe, dasselbe beim Eis zu versuchen. Allerdings müssen die Proteine dazu Kälte ertragen. Bei Pflanzen ist das bekannt, schließlich wollen sie trotz tiefer Minusgrade in rauen Gegenden überleben. Das bedeutet für die Pflanze, dass das in ihren Zellen eingelagerte Wasser nicht gefrieren darf. Würde das Zellwasser hemmungslos gefrieren, könnten dort die Kristalle wachsen. Dabei würden die Kristalle größer werden als die Zellen selbst, was deren unmittelbaren Zelltod zur Folge hätte. Mutter Natur sorgt allerdings vor und gibt den Pflanzen Proteine als Gefrierschutz. Sie gleichen einem eingebauten Frostschutzmittel. Mit ihrer Struktur sorgen die Proteine für ein sehr gebremstes Auskristallisieren des Zellwassers. Folglich wäre es sinnvoll, bestimmte Pflanzen auf emulgierfähige Proteine hin zu untersuchen.

Nach neuesten Erkenntnissen sind Proteine aus dem Winterweizen dafür besonders geeignet. Mit deren Struktur gelingt es, den Weizen so zu modifizieren, dass das Wachstum schädigender Eiskristalle gehemmt wird und die Kristalle die feinen Zellwände nicht mehr zerstören können. Beim geliebten Gelato können diese Proteine selbstverständlich auch die Bildung von Eiskristallen aus dem Zuckerwasser steuern. Es wäre sehr wünschenswert, gäbe es derartige Tricks. Denn was wir bisher völlig außer Acht gelassen haben, ist das Aufbewahren von Eis. Ihren gerade zugerufenen Einwand, das Eis doch möglichst schnell zu essen, lasse ich gelten, aber wenn Sie eine große Box Eis kaufen, dann ist auch der Wunsch nachvollziehbar, einen winzigen Rest für die nächsten paar Tage im Eisfach aufzubewahren. Kann man machen, nur schmeckt's dann nicht mehr besonders gut. Den Grund können wir mit bloßem Auge sehen. Es haben sich immer größere Kristalle gebildet. Unsere Proteine würden das natürlich mit links verhindern und das komplexe Zusammenspiel von Fetttröpfchen, Luftblasen und Eiskristallen in dieser hochkonzentrierten Zuckerwasser-Mischung erhalten.

Warum haben Kristalle immer die Tendenz, so groß zu werden? Nur um Patissiers und Eishersteller zu ärgern? Kaum, denn Kristallgröße und Kristallwachstum sind von vielen molekularen Eigenschaften bestimmt. Wasser ist ein sehr kleines Molekül und bringt die schon angesprochene Dipoleigenschaft mit, die Wassermoleküle in bevorzugte Richtungen anordnet. So kommen Minus-Minus- oder Plus-Plus-Kontakte zweier Wassermoleküle zwar vor, sie sind aber eher unwahrscheinlich, da gleich gepolte Seiten sich abstoßen. Sie mit Gewalt zusammenzuhalten, kostet Aufwand, also Energie, und dagegen hat die Natur etwas. Daher ordnen sich die Moleküle stets so, dass Energiekrisen mit den Nachbarn möglichst vermieden werden. Allerdings braucht das eine gewisse Zeit, denn die Moleküle müssen sich drehen, den richtigen Abstand finden und sich auch passend zurechtschütteln. Sonst säßen sie nicht richtig und passten nicht zueinander, um einen schönen, regelmäßigen Kristall zu bilden. Würden wir, bevor dieses Sich-Zurechtfinden abgeschlossen ist, mit einer molekularen Schnappschusskamera eine Momentaufnahme schießen, wären die Kristalle nicht groß und hart, sondern klein und alles andere als perfekt. Könnten wir also zu einem solchen Zeitpunkt das Wachstum stoppen, müsste sich unser Eismann nicht so sehr anstrengen, etwas Perfektes zu zaubern.

Diese Idee ist gar nicht so dumm, nur sind die Zeiten so kurz, dass wir mit unseren herkömmlichen Gefriermethoden gar keine Chance haben. Aber es gibt eine Möglichkeit im Labor: das Kühlen mit flüssigem Stickstoff. Dieser hat eine

Temperatur von etwa minus 196 Grad Celsius. Das Wasser würde also sehr schnell abkühlen. Und wenn wir Glück haben, finden die Wassermoleküle erst gar nicht ihre richtigen Plätze. Als Folge gäbe es nur kleine Kristalle, und das müssten wir schmecken. Denn die sehr winzigen Kristalle hätten einen ausgezeichneten und besonderen „Schmelz".

Also fabrizieren wir Laboreis, denn wir möchten diese Idee gern austesten. Verhindert schnelles, fast aberwitziges Gefrieren die Bildung von großen Kristallen? Wir pürieren die Himbeeren, zuckern sie je nach Geschmack und mischen ordentlich Sahne darunter. Dann geben wir alles in eine Plastikschüssel und kippen etwa einen halben Liter flüssigen Stickstoff dazu. Zuvor sollten wir unbedingt eine Schutzbrille aufsetzen, denn schon beginnt es zu zischen, zu brodeln und zu dampfen, dass es nur so kracht. Zugleich sollte noch umgerührt werden, der flüssige Stickstoff muss sich möglichst schnell in der Schüssel verbreiten und das Eis bereiten. Das Ergebnis ist bestechend. Ohne Emulgator oder irgendwelche anderen mechanischen Eismaschinentricks sind die Kristalle so klein geblieben, dass sie unseren Zungen in ausgezeichneter Weise schmeicheln. Dabei haben wir uns gar nicht groß angestrengt, so ein schlichtes Himbeer-Sahneeis ist ja nicht gerade der kulinarische Renner. Stellen Sie sich jetzt vor, ein Patissier würde noch mit anderen Aromen spielen, die zu unterschiedlichen Zeiten auf der Zunge freigesetzt werden. Etwa mit Alkohol oder feinsten Schokoladenstreuseln. Dann würde dieses Eis in einer anderen Liga antreten. Oder er würde noch mit Schaum, dessen Bläschen nach dem Schmelzen der Wasserwände platzen und dabei Aromen freisetzen, experimentieren. Donnerwetter, der Fantasie wären keine Grenzen mehr gesetzt. Ein derart zu einer gefrorenen Meringue uminterpretierter Eischnee mit Salbeisirup und abgeriebener Zitronenschale lässt Ihr bisheriges Schaumgefühl verblassen. Leider ist dies nicht immer und jederzeit zu Hause zu machen. Schade eigentlich!

Nützliche gastrophysikalische Accessoires

Vermutlich kennen Sie das: Sie bereiten gerade eine Sauce zu und kommen auf die Idee, etwas Zitrone zum Unterstreichen ihres Cuminhauchs zuzugeben – und schon ist wieder keine zur Hand. Da wäre es mehr als wünschenswert, es gäbe portionsgerechte Dauerzitronen, ähnlich wie die haltbaren Würste, die unter dem etwas seltsamen Namen Dauerwurst in die deutsche Nachkriegsgeschichte eingegangen sind. Die gute Nachricht: Solche Dauerzitronen gibt es. Und ich meine damit nicht jene gelben, zitronenförmigen Plastikdinger aus dem Supermarktregal. Unsere entstammen dem Reich der Physik. Das Einzige, was wir mit den frischen Zitronen machen müssen, ist, sie zu konservieren. Bevor Sie jetzt an herkömmliches Einmachen oder Einkochen denken, sei das Stichwort „Salz“ in die Runde geworfen. Denn Salz trocknet. Aber nicht nur das, es konserviert auch.

Osmotisch getrocknete Salzzitronen

Schneiden Sie zunächst eine Biozitrone in etwa ein bis zwei Millimeter dicke Scheibchen und schichten diese in eine Tasse mit grobem Meersalz. Das heißt: zuerst Salz, dann eine Zitronenscheibe, dann wieder Salz, dann eine Zitronenscheibe usw. Bedecken Sie auch die letzte Scheibe mit Salz und warten Sie ein paar Tage. Sie werden beobachten, wie die Zitronen nach und nach trocknen und ihr Saft sich um das Salz legt. Das Salz verbackt dabei sogar an den Körnern und wird regelrecht zusammenzementiert. Nach ein paar Tagen sind die Zitronenscheiben hart und trocken und schon fast ein wenig unansehnlich, aber sie haben es in sich. Vor allem Salz und – magisch, magisch – ihren Eigengeschmack, aber das wollten wir ja.

Während der Trockenlegung der Zitronenscheiben passieren ein paar wundersame Dinge, die an elementarer Physik kaum zu überbieten sind. Prozesse von grundlegender Natur für viele Küchenanwendungen, und allein deshalb sind sie es wert, von einer allgemeinen Warte aus betrachtet zu werden. Aus rein physikalischer Sicht stellt sich die Sache relativ einfach dar. Da sind einerseits die Zitronenscheiben, die aus Fruchtfleisch bestehen, gefüllt mit jeder Menge Wasser und Zitronensäure. Und dann gibt es noch die Schale. Da diese jedoch ziemlich ölhaltig ist, erregt sie kaum das Interesse des Salzes, und wir können sie in Fragen des Konservierens vernachlässigen. Das Fruchtfleisch ist aus Lamellen aufgebaut, diese wiederum aus Zellen, also aus fein säuberlich getrennten Wänden, die relativ viel Wasser einschließen. Die dünnen Wände bestehen aus Kohlenhydraten wie Polysacchariden oder Zellulose, und sie sind von der Natur so gemacht, dass sie Wasser leicht binden, sich selbst aber im Wasser nicht auflösen. Dem Physiker ist das alles zu kompliziert, er braucht ein einfaches Modell. Und das sieht so aus: Wir haben eine hauchdünne Membranschicht, die Salz und Wasser voneinander trennt. Allerdings ist diese Membranschicht nicht undurchlässig wie ein imprägnierter Regenmantel, sondern sie erlaubt den Austausch von Wasser und Salz, wenigstens in je eine Richtung. Selbstverständlich nicht in Gestalt dieser riesigen Kristalle, sondern in gelöster Form, als Natrium- und Chlorionen.

Zunächst lösen sich die Salzkristalle an ihrer Oberfläche auf, und die Ionen verteilen sich im Zitronensaft. Aufgrund ihrer Ladung werden sie sofort von Wassermolekülen umhüllt. Wir wissen ja: Wasser ist ein Dipol mit einer leicht positiven und einer leicht negativen Seite, die von den entsprechend gegengeladenen Ionen angezogen werden. Samt ihrer Wasserhülle – vornehmer ausgedrückt Hydrathülle – prallen die Ionen an die Membran, wo ein Konzentrationsgefälle festgestellt wird: Auf der einen Seite gibt es Salz, auf der anderen keines. Dieses Gefälle muss sofort ausgeglichen werden, aber leider liegt die Zellmembran dazwischen. Und schon geht's zu wie im richtigen Leben: Hindernisse erzeugen Druck, in unserem Fall den so genannten osmotischen Druck. Da die Membran durchlässig ist, gibt sie dem Druck nach und lässt peu à peu Salzionen auf die ionenarme Zellseite. Dort wird der Platz immer knapper, weswegen die Wassermoleküle auch die Seiten wechseln müssen. Draußen im Salz ist kaum Wasser vorhanden, also nichts wie rüber! Da auch das Salz auf Ausgleich seiner Konzentration auf beiden Seiten der Membrangrenze bedacht ist, setzt ein reges Molekül-und-Ion-wechsle-dich-Spiel ein, bis die Konzentrationsverhältnisse bestmöglich ausgeglichen sind. Zu guter Letzt sitzen viele Salzionen und wenige Wassermoleküle in den Zitronenzellen. Daher kristallisieren die Ionen wieder zu winzigen, unsichtbaren Minikriställchen, und die Zitronenscheiben werden trocken und hart. Aber haltbar. Vor allem, wenn Sie sie bis zum Gebrauch in der salzigen Umgebung liegen lassen.

Die salzgetrockneten Zitronen lassen sich auch wieder „umdrehen", sprich rehydrieren. Für eine Weile ins Wasser gelegt, und sie werden wieder weich und sehr zitronig, denn eine Menge der Säure – und damit des Geschmacks – wird durch die Salzionen in der Zitrone gehalten. Alles in allem eine ausgezeichnete Methode, um Zitronen haltbar zu machen. Aber warum das Ganze? Dafür gibt es gute kulinarische Gründe. Schmoren Sie doch einmal eine Lammschulter und geben Sie ein oder zwei Scheiben dieser Salzzitronen in die Sauce, am besten gleich zu Beginn des Schmorens. Dann erhalten Sie ein Saucenergebnis, das sich schmecken lässt. Dezenter Zitronengeschmack, noch dezentere Säure, deutliche Geschmacksverstärkung. Oder legen Sie einen Pfannenboden mit den Scheiben aus, geben Olivenöl hinzu und dünsten eine Hähnchenbrust sanft auf diesem Bett. Vielleicht noch etwas Thymian? Verträgt sich gut mit Zitrone, Salz und Olivenöl. Nur eines müssen Sie stets berücksichtigen: Die gepökelten Zitronen enthalten Salz – Vorsicht beim Abschmecken!

Eine Anmerkung allgemeiner Art: Verwenden Sie ausschließlich Biozitronen, dann können Sie sicher sein, dass

nicht einmal deren Blüten mit hochkarätigen Chemikalien gespritzt worden sind. Die Bemerkung „unbehandelte Zitronen" sagt nichts über den Anbau, also ob „bio", „konventionell" oder was auch immer. Es bedeutet lediglich, dass nach dem Pflücken die Schale nicht gewachst oder sonst chemisch behandelt worden ist. In Frankreich sind die Händler und Marktbeschicker ehrlicher: Dort wird stets „non-traité après recolte" also unbehandelt nach der Ernte deklariert. Was vor dem Pflücken war, etwa der Einsatz von Pestiziden usw., ist eine völlig andere Geschichte. Wann immer Sie Zitronenschalen in Ihrer Küche verwenden möchten, ist es daher ratsam, Biozitrusfrüchte zu verwenden.

Zugegeben, das osmotische Trocknen der Zitronen wirkt abenteuerlich; normalerweise verbinden wir Trocknen mit Wärme oder Hitze, mit Sonne oder mit Öfen. Falls Sie möchten, können wir das selbstverständlich auch ausprobieren.

Getrocknete Tomaten, Glutamat inklusive

Geht es Ihnen nicht auch manchmal so, dass Sie im Winter irgendwelche Flugtomaten für die Sauce kaufen und sich jedes Mal maßlos über den müden Geschmack dieser „Sonnenfrüchte" ärgern? Falls ja, hätte ich eine Alternative: Trocknen Sie Ihre Tomaten mittels sanfter Hitze, dann sind Sie für sonnenarme Zeiten bestens gerüstet. Keine schlechte Idee, aber physikalisch nicht sonderlich interessant, werden Sie einwerfen. Nun gut, es passiert nichts Spektakuläres, außer dass Wasser in den Tomaten im großen Maßstab verdampft. Dazu ist Energie notwendig, allerdings nicht zuviel. Die Tomate an sich soll ja nicht verändert werden. Ihr Zellgerüst wollen wir erhalten, und auch den Proteinen darf es nicht zu sehr an den Kragen gehen. Während des Trocknungsprozesses wünschen wir uns daher nur zaghafte Veränderungen. Am besten wäre die natürliche Wärme der Sonne oder, als Alternative, bescheidene, aber konstante 40 bis 50 Grad Celsius im Ofenrohr.

Dazu werden die Tomaten halbiert, in den Ofen gegeben und solange getrocknet, bis das Wasser verdampft ist und die verbleibenden Tomatenhüllen vollkommen verschrumpelt sind. Was zählt, sind die inneren Werte: So unkulinarisch dieses harte und fast zähe Gebilde auch ausschaut, es hat's in sich. Der intensive Tomatengeschmack wird nicht nur bewahrt, das Verdichten während des Trocknens verstärkt ihn noch auf eindrucksvolle und vor allem schmackhafte Weise. Kein Wunder, denn alles „Verwässernde" ist entfleucht. So bringt die verschrumpelte Tomate alles mit, was Sie sich in Saucen und Suppen wünschen: erhebliche Geschmacksverstärkung. Kein Wunder, denn Tomaten tragen einen vollkommen natürlichen Glutamatanteil mit sich herum, der durch die Trocknung voll zur Geltung kommt.

Bevor Sie jetzt aufschreien und an Ihr chinesisches Restaurant um die Ecke denken, bei dem Sie schon immer tonnenweise Glutamatsäcke im Keller vermutet haben, gestatten Sie mir einen kleinen Zwischenruf. Glutamat ist ein vollkommen natürlicher Bestandteil von Lebensmitteln. Wir finden es vor allem in Fleisch, Fisch, aber auch in Gemüse, ja sogar in Getreide. Allerdings eingebunden in die Proteine, weswegen es dort als Geschmacksverstärker nur in sehr beschränktem Maße zur Verfügung steht. Doch dazu gleich. Tomaten, Milch, Kartoffeln, Sojasoße und viele Käsesorten enthalten es in freier Form. Dort wirkt es als Geschmacksverstärker. Fällt es Ihnen auf? Klar, die Tomate hatten wir schon angesprochen. Sojasauce, Käse, vor allem Parmesan – das sind genau jene Mittel, die wir aus kulinarischer Leidenschaft über lasche Lebensmittel geben. Den eher geschmacklosen Tofu bringen wir mit Marinaden auf Sojasaucenbasis in Schwung, jedes schlappe Reis- oder Nudelgericht wird mit frisch geriebenem und altem Parmesan zum Risotto und zur Pasta. Das geschmacksverstärkende Element heißt im Fachchinesisch Mononatriumglutamat und ist ein Salz der Glutaminsäure. Glutaminsäure ist nichts anderes als eine der 20 Aminosäuren, also der Elementarbausteine der Proteine. Ist sie in ein Protein eingebunden, kann sich ihre Wirkung auf der Zunge nicht entfalten. Daher kann nur freies Glutamat eine Rolle für den Geschmack des Lebensmittels übernehmen.

Natriumglutamat entsteht übrigens auch im menschlichen Körper während des Stoffwechsels. Jede Proteinspaltung setzt Glutaminsäure aus den Proteinen frei, und so wird auch ohne Zufuhr von außen das Molekül im Körper gebildet. Deshalb zählt Glutaminsäure nicht zu den essenziellen Aminosäuren. Und noch kurz dies: Natriumglutamat bewirkt die Geschmacksrichtung „umami“, was im Japanischen für „Wohlgeschmack“ steht. Umami signalisiert unseren Zungen, dass Proteine die Rezeptoren kitzeln, die unserem Gehirn die Meldung: „Aha, Fleischgeschmack!“ überbringen. Eine willkommene Ergänzung zu den alt- und neu bekannten Geschmacksrichtungen süß, sauer, bitter, salzig und fett.

Dieser gewaltig verdichtete Geschmack und die darin eingeschlossene Würzkraft ist für viele kulinarische Anwendungen ein wahrer Segen. Selbst das „Pesto von der getrockneten Tomate“ ist unübertrefflich an Geschmacksdichte, für die es keine Alternative gibt. Dieses Pesto funktioniert wie jenes, das Sie kennen. Nur ersetzen Sie das Basilikum zum Großteil durch getrocknete Tomaten.

Auch so manche Pilze sind mit Natriumglutamat gut bestückt. Sie enthalten hohe Konzentrationen an freiem, natürlichem Glutamat, etwa 0,1 bis ein Prozent ihres Eigengewichts. Deshalb stehen in so manchen Accessoiretresoren neben den getrockneten Tomaten auch getrocknete Steinpilze oder Morcheln. Einen Versuch ist es wert: Geben Sie Ihrer Sauce zum Rinderbraten einmal einen Schub getrockneter Steinpilze bei, die Sie in einer Kaffeemühle oder im Mörser pulverisiert haben.

Noch eine Bemerkung aus eigener Erfahrung: Getrocknete Tomaten können Sie auf vielen Märkten oder Fachgeschäften kaufen. Hüten Sie sich aber – es sei denn, Sie wünschen es – vor den in Olivenöl eingelegten. Hier sind einige fettlösliche Geschmacksstoffe bereits wieder ins Öl abgewandert, was zwar gut für das Öl ist, aber schlecht für Ihre weiteren kulinarischen Pläne, denn diese sind für die Sauce bereits verloren. Einen fettlöslichen Inhaltsstoff können Sie sogar mit bloßem Auge sehen: Das Öl bekommt nach ein paar Tagen einen leicht rötlichen Schimmer. Dieser wird durch den Farbstoff Lycopin verursacht, ein Vertreter der Carotinoide, der die Tomaten zum Rotleuchten bringt. Also am besten einfach getrocknete Tomaten kaufen, und – falls Sie diese für Ihre kulinarischen Zwecke brauchen – ein paar davon selbst einlegen.

Tomatencoulis, Sonnenenergie das ganze Jahr

Da wir schon bei Tomaten sind, sollten wir noch eine weitere Konservierungsmethode ansprechen, die sich in der Praxis ebenfalls bestens bewährt. Das Tomatencoulis. Diese Methode der Geschmacksverdichtung erlaubt Ihnen einen ganzjährigen Tomatengenuss. Dazu bringen Sie im Sommer jede Menge reife Tomaten vom Markt mit nach Hause. Diese säubern und zerkleinern Sie ohne Rücksicht auf Kerne oder Schalen im Mixer. Den Brei passieren Sie anschließend durch ein Sieb, sodass lediglich eine schaumige Tomatenflüssigkeit übrig bleibt, die Sie in einen großen Topf kippen. Der rotweiße Schaum, den Sie durch das Mixen einschlagen, ist sehr beständig. Selbst wenn Sie die Tomatenbrühe langsam erhitzen, verharrt er einige Zeit an der Oberfläche. Das Heizen des werdenden Tomatencoulis treibt weiteren Schaum aus der Brühe nach oben, der sich an der Oberfläche beständig festsetzt. Die Crema des professionellsten Espresso kann sich ein Beispiel daran nehmen.

Derartige fast temperaturstabile Schäume brauchen Emulgatoren, also wieder einmal jene grenzflächenaktiven Moleküle, die sich an die Luft-Wassergrenzflächen der Schaumbläschen setzen und dort durch ihre bloße Anwesenheit die Oberflächenspannung des Wassers soweit herunterfahren, dass es für zwei Bläschen sehr schwer wird, sich zu einer größeren Blase zu vereinigen. Obwohl sie es gern täten, denn dann bräuchten sie nur eine statt zwei Oberflächen bilden, die summa summarum auch noch kleiner wäre. Schließlich kostet das Ausbilden von Oberflächen immer ein Extra an Energie, und das vermeidet jedes physikalisch korrekte System in der Natur. Die grenzflächenaktiven Moleküle bringt die Tomate selbst mit. Außer ihrem roten Farbstoff hat sie auch noch Proteine im Schlepptau, die wie immer aus wasserliebenden und wasserhassenden Aminosäuren bestehen. Und die haben nichts Besseres zu tun, als sich an die Grenzflächen zu schlängeln, von wo sie nur schwer wieder wegzubewegen sind. So bleibt der Schaum sehr stabil.

Aber nicht nur der Kluge, auch der Allerdümmste gibt irgendwann nach, wenn ihm die Sache zu heiß wird. Dann werden sich die Luftbläschen doch vereinigen, und der Schaum wird verschwinden. Die Proteine lösen sich wieder im Wasser, aus dem die Tomatenbrühe im Wesentlichen besteht. Abschöpfen ist also hier völlig unnötig, denn das hieße auch, Geschmack abzuschöpfen. Und da der Tomatencoulis ohnehin nicht klar werden muss, sondern tiefrot, bedarf es dieser Anstrengung nicht.

Der Tomatenschaum bringt uns auf ein paar kulinarische und zeitgeistige Ideen. Schöpfen Sie einmal einen Löffel des sehr persistenten Tomatenschaums ab und probieren ihn. Sie werden erstaunt sein, wie intensiv er nach Tomate schmeckt und welch ein ungewöhnliches Gaumenspiel er durch seine luftige Schaumstruktur erzeugt. Kein Wunder, dass trickreiche Spitzenköche und Molekulargastronomen ihren Gästen „Air von der Tomate", also „Tomatenluft" vorsetzen. Selbstverständlich nicht für sich allein, sondern eingebunden in kleine Überraschungen aus der Küche. Spielen Sie selbst einmal damit, zum Beispiel mit etwas Olivenöl oder mit frittiertem Basilikum, Petersilie oder Sellerieblättern. Oder schlicht mit etwas geriebenem Parmesan. Voilà: ein weiteres Exempel der „Struktur-Geschmacks-Eigenschaftsbeziehung", die sich auf rein physikalische Grundlagen zurückführen lässt.

Genug des Gaumenkitzels. Wir kochen den Coulis weiter, bis aller Schaum verschwunden ist und sich im Topf ein intensiver Tomatengeschmack entwickelt. Das dauert gar nicht so lange, vor allem, wenn wir nicht den Ehrgeiz entwickeln, Tomatenkonzentrat herzustellen. Der Coulis wird dann in sterile Gläser gefüllt und bis zu seiner regen Verwendung im Keller versenkt. Noch eine eher ernährungschemische Bemerkung: Das längere Kochen zerstört die Tomate gar nicht so sehr, wie immer wieder aus verschiedenen, auch ideologisch angehauchten Quellen zu hören ist. Zumindest das auf das Einfangen von freien Radikalen spezialisierte Lycopin, auf dessen ernährungsphysiologischen Wert inzwischen alle Welt schwört, ist aus gekochten Tomaten weitaus besser verfügbar als aus rohen. Na, wer sagt's denn, unsere italienischen Freunde hatten das schon immer dick im Gefühl und noch dicker auf Pasta und Pizza.

Alkohol grün

Keine Sorge, diese Überschrift ist kein Zeichen ungezügelten Delirierens. Uns geht es lediglich um ein weiteres Beispiel für angewandte Küchenchemie mit einer kleinen Prise Verfahrenstechnik. Und um eine Anwendung von Alkohol, die bisher kaum beachtet wurde. Besonders während der Winterzeit wäre es manchmal angenehm, Kräuter wie zum Beispiel Rosmarin als Extrakt oder als Tropfen vorliegen zu haben. Oft sind die getrockneten Zweige alles andere als erbaulich, da sie geschmacklos sind und nach zu langem Kochen immer etwas bitter werden. Dem kann abgeholfen werden. Für Ihre Küchenapotheke extrahieren wir Rosmarin beziehungsweise dessen Düfte und Aromen. Rosmarin erinnert an mediterrane Küche, und das Kraut verbreitet einen wundersamen Duft, der durch eine Vielzahl von Molekülen hervorgerufen wird. Am wichtigsten sind die ätherischen Öle, deren Namen gefährlich klingen: Cineol, Borneol, Campher, Bornylacetat, Terpineol, Eucalyptol. Aber auch Bitter- und Gerbstoffe spielen eine nicht unwesentliche Rolle. Um mit unseren bescheidenen Küchenhilfsmitteln Rosmarinextrakt herstellen zu können, müssen wir nur wissen, dass viele der ätherischen Öle alkohollöslich sind. Legen wir grüne, frische Rosmarinnadeln frisch vom Zweig für ein paar Wochen in reinen, nahezu hundertprozentigen Alkohol, so löst sich nach und nach eine ganze Reihe von Inhaltsstoffen des Rosmarins darin und färbt ihn grün.

Warum soll der Alkohol möglichst rein und hundertprozentig sein? Rein ist klar, wir wollen den Alkohol ja in der Küche verwenden. Also muss er sauber sein und darf nicht nur dem Industriestandard genügen und womöglich noch Rückstände von Methylalkohol oder anderen Fuselalkoholen haben. Ein Begriff, der übrigens nur am Rande mit den üblichen Aussprüchen nach durchzechten Nächten zu tun hat. Wasser sollte so wenig wie möglich vorhanden sein, denn der Alkohol muss in das Zellgewebe über dessen Membranen eindringen. Wie immer leben derartige osmotische Prozesse vom Konzentrationsgefälle. Da sich Wasser bereits in den Pflanzen befindet, ist jede auch noch so geringe Wassermenge im Alkohol der Extraktion nicht gerade förderlich. Während des Extraktionsprozesses dringt der Alkohol in den Rosmarin ein, verdrängt teilweise das Wasser in den Zellen, denaturiert hie und da das ein oder andere Protein, setzt die ätherischen Öle frei, die sich dann im Alkohol lösen und nach außen getragen werden. So erklärt sich, warum bereits nach einer Woche das Rosmarin-Alkoholbad nicht nur nach Schnaps riecht, sondern sehr intensiv nach Rosmarin.

Dieser hochprozentige Rosmarinschnaps lässt sich vielfältig in der Küche verwenden. Etwa zum Würzen oder Aromatisieren. Aber auch zum Trinken: Ein paar Tropfen davon in etwas Eiswasser – das klingt vielleicht nach Homöopathie, es kann aber sehr erfrischend sein. Oder Sie marinieren ein frisches Fischfilet, indem Sie es einfach damit einreiben.

Selbstverständlich beschränkt sich diese Methode nicht auf Rosmarin. Alles, was – im physikalischen Sinne – Alkohol liebt, lässt sich mit unserer Methode extrahieren. Chilischoten sind zum Beispiel ideale Kandidaten. Falls Sie der Alkohol stört, können Sie ihn wieder verdampfen, am besten und am sichersten im Wasserbad. Was dann übrig bleibt, ist eine winzig kleine Menge hochkonzentrierten und dickflüssigen Rosmarinkonzentrats, allerdings nur im Milligrammbereich, es sei denn, Sie haben Ihren kompletten Garten alkoholisiert, um die Ausbeute zu erhöhen.

Großtechnisch wird bei Extraktionsverfahren nach denselben physikalischen Prinzipien gearbeitet. Hohe Temperaturen und hohe Drücke sollen hier die Lösungsprozesse beschleunigen. Zumeist nimmt man ein Lösungsmittel, das auf den ersten Blick gar keines ist, nämlich Kohlendioxid, also das Gas aus dem „sauren Sprudel“. Unter hohem Druck und bestimmten Temperaturen nimmt dieses Gas einen Zustand ein, bei dem es nicht mehr weiß, ob es nun Männlein oder Weiblein,

besser gesagt, Flüssigkeit oder Gas ist. Die Bereiche zwischen flüssig und gasförmig springen fast beliebig schnell hin und her. Derartige Zustände nennt der Physiker gern „überkritisch", ein Begriff, der sich an die Theorien jeder Änderung des Aggregatzustandes, also „Phasenübergängen" anlehnt. In diesem überkritischen Zustand ist das Kohlendioxid ein sehr effektives Lösungsmittel und schafft die Extraktion spielend.

Sie extrahieren übrigens jeden Morgen kurz nach dem Aufstehen. Beim Kaffee- oder Teebrühen lösen Sie wasserlösliche Geschmacks- und Inhaltsstoffe, etwa Koffein, aus ihrem morgendlichen Getränk, die es Ihnen erlauben, die erste Hälfte des Tages zu überstehen. Die hohe Temperatur des Wassers unterstützt und beschleunigt dabei den Prozess. Bloß gut, dass sich Koffein besser in Wasser löst als in Alkohol, sonst hätten wir den Tag bis hierher kaum geschafft.

Flüssiger Süßstoff, Sirup und Invertzucker

Flüssiger Süßstoff ist manchmal wirklich hilfreich. Spätestens dann, wenn sich normaler Zucker viel zu langsam löst oder zuwenig Wasser als Lösungsmittel vorhanden ist. So etwas kommt schnell einmal bei Eischnee oder geschlagener Sahne vor. Plötzlich muss alles ganz fix gehen, und Zuckerkristalle, die sich noch nicht aufgelöst haben, stören beim Genuss. Sirup herzustellen, der sich sofort löst, ist kinderleicht. Das einzige Problem: Der Sirup sollte auch nach längerer Zeit nicht wieder auskristallisieren. Wie das funktionieren kann, wissen wir noch vom Frühstück. Honig, der einen großen Anteil von Fructose besitzt, kristallisiert wesentlich schlechter als sein fructosearmer Verwandter. Wie aber um Himmels Willen bekommen wir Fructose in den Sirup?

Das Geheimnis ist: Sie ist schon längst drin, wir müssen sie nur freisetzen. Unser gewöhnlicher Kristallzucker ist ein Disaccharid, wobei Di nichts mit zuckersüßen britischen Ex-Prinzessinnen zu tun hat, sondern „zwei" bedeutet. Saccharid ist ein anderes Wort für Zucker. Ergo ist unser Haushaltszucker kein Monosaccharid und auch kein Vielfachzucker oder Polysacharid, sondern ein Zweierzucker. Die Disaccharidmoleküle des Rohr- oder Rübenzuckers sind aus einem Fructose- und einem Glucosemolekül zusammengesetzt, die über ein Sauerstoffatom chemisch verbunden sind. Könnte man diese Verbindung trennen, hätten wir schon etwas in Richtung unseres Frühstückhonigs: eine Mischung aus Fructose und Glucose. Und von der wissen wir, dass ihr Kristallisationsverhalten von dem Verhältnis der Glucose zu Fructose geregelt wird. Je mehr Fructose, desto weniger Kristalle bilden sich.

Aber nun zum Grundsirup. Dazu lösen Sie Zucker und Wasser im Verhältnis 1:1 auf und versuchen, die Zuckermoleküle in Glucose und Fructose zu spalten. Das Trennen der beiden chemisch verhefteten Zuckermoleküle erfordert Energie. Wie immer in der Küche heißt das Temperaturerhöhung, was übrigens auch der Lösungsgeschwindigkeit entgegen kommt. Eine derartige Menge an Zucker in Wasser zu lösen, ist gar nicht einfach, sodass uns jede thermische Geschwindigkeitszunahme der Moleküle durch kräftiges Einheizen willkommen ist. Dann geben wir noch etwas Zitronensaft dazu, Hobbychemiker helfen mit etwas Ascorbinsäure, schlicht Vitamin C, nach, denn der Zitronensaft trübt den Sirup ein bisschen ein. Nach und nach entsteht aus den Disacchariden Glucose und Fructose. Durch das Kochen mit Säure wird die Saccharose überdies in Invertzucker verwandelt, was einerseits eine angenehmere, weichere Süße ergibt, andererseits – siehe Honig – verhindert, dass der Sirup beim Abkühlen wieder kristallisiert und fest wird. Der vormals zur Bindung der beiden Saccharide benötigte Platz wird mit dem Wasser- und Sauerstoff aus der Säure und dem Wasser abgesättigt, weswegen dieser und ähnliche Prozesse im Fachchemischen auch Hydrolyse genannt werden. So simpel ist das. Aber das ist auch nur der Grundsirup. Chemisch interessant, kulinarisch – nun ja. Denn er ist einfach nur süß. In Bars jedoch findet dieser Sirup in des Barmanns kreativen Händen vielfältige Anwendung.

„Invertzucker“ – was ist das schon wieder? Der praktizierende Physiker antwortet: Sollten Sie die Gelegenheit haben, eine Zuckerlösung im polarisierten Licht zu betrachten, müssen Sie nach der Hydrolyse ihre Polarisatoren „nach rückwärts“ drehen, also deren Winkelstellung „invertieren“, um das Licht wieder durchscheinen zu lassen – eine Randbemerkung für Spezialisten. Falls Sie jedoch zu kurz kochen oder gar die Säure weglassen, können Sie ohne physikalischen Aufwand eine andere Beobachtung machen: Nach einiger Zeit bilden sich wieder große Kristalle. Wunderhübsche Dinger, richtige Bilderbuchkristalle. Mit Impfen, also dem Zugeben von einzelnen Zuckerkriställchen, können Sie die Kristallisation sogar noch anregen und beschleunigen. Das hat zwar überhaupt keinen kulinarischen Sinn, aber als kleines physikalisches Experiment zum Kristallwachstum kann es Begeisterung hervorrufen. Zumal Sie die Zuckerlösung ja immer zum Süßen weiterverarbeiten können. Oder noch einmal aufkochen und mit Säure durchinvertieren. Doch nun zu mehr kulinarischen Anwendungen.

Holunderblütensirup – ein genialer Sirup, der Ihnen bei vielen Einsätzen große Freude bereiten wird. Der Duft der Holunderblüten ist so betörend und anpassungsfähig, dass ein Tropfen davon in einem Glas trockenen Weißweins jeden Ruf nach dem mittlerweile eher affektierten Kir zum Apero verhallen lässt. Oder als Beigabe für Ihr Erdbeerdessert. Aber wir sind nicht zum Schwelgen hier, sondern treiben Wissenschaft in der Küche. Was Ihnen hier entgegen kommt, ist die

Wasserlöslichkeit des Holunderdufts. Kippen Sie den heißen Grundsirup über 10, 15 Holunderdolden und lassen Sie das Ganze ein, zwei Stunden infusieren. Danach wird alles durch ein feines Sieb gegossen und der Holundersirup in saubere Flaschen gefüllt. Wunderbar. Für den Salbeisirup verfahren Sie genauso. Viele Rezeptvorschläge verwenden auch Alkohol zur Herstellung von Sirup. Das hat zum einen geschmackliche Gründe, zum anderen physikalische. Der Rosmarin hat gezeigt: Man kann auch auf die Idee kommen, alkohollösliche Bestandteile zu extrahieren. Schon richtig, aber bei Blüten und Salbei spielen sie keine große Rolle. Deren Geschmacksstoffe sind meist wasserlöslich. Sonst hülfe der Salbeitee auch nicht, das Halskratzen zu lindern. Die ebenfalls wässrigen Schleimhäute werden daher die im Tee gelösten Inhaltsstoffe wohltuend übernehmen, um sie mit ihren Proteinen für eine Weile festzuhalten.

Der Thymianblütensirup ist mein persönlicher Favorit. Stellen Sie dazu einen Grundsirup her und geben noch jede Menge Thymianblüten dazu. Falls Sie gar Zitronenthymian im Garten haben, noch besser. Köcheln Sie die Blüten ein paar Minuten mit und lassen Sie den Thymian eine Nacht infusieren. Wieder abseien und in Flaschen füllen. Das ist die beste Medizin bei Heimweh nach der Provence. Zu dessen Behandlung geben Sie einen Schuss des Thymiansirups in ein Glas und füllen es mit einem guten und sehr trockenen Weißen der AOC Coteaux d'Aix, Bandol oder dergleichen, auf. Könnte man „Kir provençal" nennen. Und sich damit und mit einer Hand voll gerösteten Kichererbsen umgehend zum Aperitif gesellen.

Zitrusschalenconfit

Vielleicht ärgern Sie sich auch manchmal, sobald Sie Orangen oder Zitronen in welcher Form auch immer verwenden. Sie kaufen wunderbare Biozitrusfrüchte und werfen die Schalen, die kulinarisch mehr als interessant sind, achselzuckend auf den Komposthaufen. Schade, aber was soll man damit machen? Bitte nicht entsorgen, denn die Schalen bieten Raum für kreative Ideen. Vor allem bringen sie Gerichte sowohl im süßen als auch im salzigen Bereich auf Vordermann, bereichern Desserts und sogar manch ein Hauptgericht. Schneiden Sie die Orangen- oder Zitronenschalen in feinste Streifen und karamellisieren Sie dann Zucker, am besten ohne Wasser, in einem schweren Topf. Um eine überstarke Produktion von Bitterstoffen zu vermeiden, lassen Sie den Zucker nicht zu braun werden. Geben Sie dann die Zitrusschalen dazu und karamellisieren Sie sie langsam und sanft im Zucker. Ab jetzt dürfen Sie immer wieder ganz sachte Wasser zufügen, ganz so, wie wir es bei der Sauce Bolognese praktiziert haben. Solange, bis die Fruchtschalen weich sind.

Dann scheiden sich die Geister, die Reise kann sowohl in Richtung „süß“ als auch „süß-sauer“ gehen. Je nachdem, wie Sie abschmecken. Oder was Sie zugeben. Etwa einen Schuss Essig, oder einen harmlosen, will sagen, nicht zu teuren Balsamico (der brachiale kommt erst später, kurz vor dem Servieren) sowie Pfeffer. Lassen Sie Kreativität walten und experimentieren Sie mit verschiedenen Pfeffersorten: Kubeben, Sechuan, roter Pfeffer, etwas Espelette. Oder einer Mischung. Vergessen Sie die Prise Salz nicht. Dieses kleine Chutney passt immer gut zu Schwein, Ente oder Wild. Oder fahren Sie die ganze Sache in Richtung „süß“. Dann geben Sie im Winter etwas Kardamomsamen oder im Sommer frischen Rosmarin zu. Sollten Sie sich für den Rosmarin entschieden haben, emulgieren Sie während des Erkaltens Olivenöl darunter und servieren Sie das zum Beispiel mit frischen Aprikosen. Abstruse Idee? Keineswegs. Ausprobieren und schmecken!

Sie sehen, mit Zucker können Sie braten, garen und konservieren. Schön zu wissen. Diese Idee halten wir sofort für unser Abendmenü fest. Wir werden dann einmal anders

„spargeln“. Bevor es aber soweit ist, müssen wir uns noch anschauen, was beim Zucker alles entsteht, wenn wir ihn erwärmen. Offenbar ereignet sich Dramatisches, denn abgesehen davon, dass er schmilzt, wird er braun. Derartige Farbänderungen sind meist ein sicheres Zeichen für eine ordentliche Ladung an Chemie. Und noch etwas anderes fällt auf: Der gebräunte Karamell ist wesentlich schlechter wasserlöslich. Wehe, so ein Karamell wird zu braun und verbleibt in der falschen Pfanne. Dann Gute Nacht beim Saubermachen. Daraus können wir auf mehrere Phänomene schließen. Zum einen werden die Zuckermoleküle tatsächlich chemisch verändert. Zum anderen werden sie sogar größer, und das ist nicht einmal ein Widerspruch zu der Zuckerspaltung bei der Siruphersteliung. Dort bewirkte die Temperatur zwar die Trennung des Disaccharids in seine Fructose und Glucose, aber eben nur unter der Anwesenheit von relativ viel Wasser und Säure. Beim Karamellisierungsvorgang fehlen beide weitgehend. Die Disaccharide trennen sich zwar an den entsprechenden Stellen, da aber die Protonen aus Säure und Wasser fehlen, um an diesen freien Stellen zu reagieren, verbinden sich die Zuckertorsos wieder unter sich – und lassen dabei ganz neue Molekültypen entstehen. So können sich sogar lange Zuckermoleküle bilden, die aus drei, vier, fünf oder gar noch mehr Glucose- und Fructoseringen bestehen. Also Oligo- und Polysaccharide. Diese größeren Moleküle sind träger als die kleinen und lösen sich daher schwerer in Wasser. Das kennen wir schon von den klebrigen Bakterienausscheidungen auf dem Salat zur Vorspeise des Mittagstischs. Auch dort mussten wir uns ordentlich anstrengen, um sie vom Salatblatt zu schwemmen.

Übrigens: Die Karamellisierung von Zucker hat – streng genommen – nichts mit der viel zitierten Maillardreaktion zu tun. Dort ist immer die Anwesenheit von Proteinen erforderlich, deren Aminosäuren mit den Zuckern zu Maillardprodukten reagieren. Etwa im Fleisch, in der Brotrinde oder beim Bräunen von Butter. Zucker allein, wie beim Karamellisieren, reicht für das Führen dieses Titels nicht. Sobald Sie aber etwas Butter oder Sahne zugeben, wie oft in Kochbüchern als Karamellisierungshilfen vorgeschlagen, verlassen Sie aufgrund der Proteine und Fette in Butter und Sahne die Karamellchemie und öffnen die Tür zur Maillardreaktion. So werden aus Karamellbonbons schnell Maillardbonbons. Aber damit genug der Spitzfindigkeiten.

Wir treffen uns zum Apero!

Le petit apéritif, zu deutsch der kleine Aperitif, ist eine tolle Sache. Mit dieser genialen Einrichtung wurde von den Franzosen eine Gelegenheit geschaffen, die es erlaubt, wichtige Dinge, etwa den Einbau eines Schwimmbads, mit dem Nachbarn zu besprechen, aber vor allem vor dem Abendessen ein Glas zu trinken, ohne dieses Ereignis in unbegrenzte zeitliche Längen zu ziehen.

Was wollen wir trinken?

Trinken wir zur heute einmal einen Tango? Oder möchte jemand eine Tomate? Ein Gläschen Champagner? Oder vielleicht ein Getränk, das mit „gerührt und nicht geschüttelt" Filmgeschichte schrieb? Als „running gag" funktioniert der alte James-Bond-Spruch noch heute. Uns gibt er hier einen willkommenen Anlass zum Innehalten, denn an eines hatte 007 nicht gedacht: an die Strukturen von Alkohol und Wasser und deren Mischungen.

Wasser ist aus Sicht des Physikers weit mehr als eine alltägliche Flüssigkeit. Es ist Gegenstand aktuellster Forschung. Viele Phänomene, vor allem unter extrem hohen Drücken und niedrigen Temperaturen, sind bei weitem noch nicht verstanden. Wenn Sie fragen, wieso darüber überhaupt nachgedacht wird, wird ein Wasserwissenschaftler sofort „Grundlagenforschung" raunen, aber so tief wollen wir hier und jetzt nicht blicken. Wasser ist zum Trinken da, ob pur, sprudelnd oder vermischt mit Alkohol – ohne Wasser wäre Kochen und Genießen kaum möglich. Über viele, fast alltägliche Eigenschaften des Wassers denken wir kaum nach, so sehr haben wir uns daran gewöhnt. Schon allein die Frage, warum sich Wasser überhaupt mit Alkohol mischt, erscheint uns beim Bier als überflüssig. Aber warum mischt es sich dann nicht mit Öl, mittels Alkohol wischen wir doch noch den letzten Öltropfen vom Küchentisch? Es ist weit mehr als ein kühles Nass. Zumindest aus molekularer Sicht, und darauf kommt es uns hier an. Was wir für unsere Zwecke im Folgenden stets im Auge behalten müssen, ist die Dipoleigenschaft des Wassers. Kompliziertes Wort, aber fundamentale Eigenschaft, denn diese Polarität macht aus Wasser jene Flüssigkeit, mit der wir manchmal zu achtlos umgehen.

Micky Maus im Wasserglas

Wasser, H_2O: das sind zwei Wasserstoffatome und ein Sauerstoffatom, verbunden zu einem Molekül, die – ich erwähnte es schon anlässlich eisiger Genüsse – im molekularen Modell wie der Kopf der legendären Micky Maus aussieht (oder in seiner feministischen Version auch Minni), sobald dieser vom Körper des Zeichentrickhelden getrennt wurde. Das bedeutet, die Atome liegen nicht auf einer Geraden, sondern um 105 Grad leicht abgewinkelt, wobei der größere Sauerstoff in der Mitte sitzt. Ganz nach Vorschrift der Quantenmechanik. Allerdings verteilen sich die Elektronen dabei etwas ungleichmäßig, sodass Wasser immer eine leicht positive und eine leicht negative Seite hat. Sauerstoff ist die Minusseite, die Wasserstofföhrchen bilden die Plusseite. Jetzt passiert das, was immer bei Plus und Minus geschieht. Die Plusseite fühlt sich zur Minusseite hingezogen und umgekehrt. So einfach ist das. Selbst im Wasser.

Erst durch diese Dipoleigenschaft bekommt Wasser all die Eigenschaften, die wir so an ihm schätzen. Dass es etwa bei null Grad schmilzt oder zu Eis wird und auch erst bei 100 Grad verdampft und so unserer Celsiustemperaturskala eine gute Grundlage bietet. Der leichte Ladungsunterschied auf den beiden Seiten des Wassers sorgt dafür, dass sich immer wieder netzwerkartige molekulare Strukturen ausbilden, wenn auch oft nur für extrem kurze Zeit: für eine Picosekunde, also 0,000000000001 Sekunden, weit weniger als eine Millionstel Sekunde. Dennoch kann man sie in komplizierten Apparaten und Messungen beobachten. Einfach deswegen, weil sie sich hassen wie die Pest, Plus und Plus genauso wie Minus und Minus, und sich kräftig abstoßen. Daher lagern die Moleküle immer so zusammen, dass sich die beiden gleichen Seiten nicht zu nahe kommen. Die netzwerkartigen Strukturen nennt man unter Physikern übrigens Cluster. Jedes Wassermolekül spielt schnell „Bäumchen wechsle dich", hüpft aus dem Cluster und schließt sich dem nächsten in der unmittelbaren Nachbarschaft an. Schließlich ist es der Minusseite eines bestimmten Moleküls völlig schnurz, welches zufällig gerade benachbarte Wassermolekül ihm seine positiven Wasserstoffköpfe entgegenstreckt.

Erst aufgrund dieser Dipoleigenschaft kann es auf molekularer Ebene eine ganze Reihe von Aufgaben wahrnehmen, etwa sich an die richtigen Stellen bei Proteinen setzen, damit diese wieder biologisch einwandfrei funktionieren. Auch profanere Aufgaben werden so gelöst: etwa Salz. So weit, so gut.

Auch der Alkohol ist nicht ohne, denn immerhin führt er eine chemische Gruppe am Ende seines Moleküls, die OH-Gruppe, die mit Wasser ganz gut kann. Weil Alkohol und Wasser hervorragend zusammenpassen – auf molekularer Ebene, versteht sich –, löst sich Alkohol in jeder Konzentration im Wasser. Allerdings stört die OH- oder Sauerstoff-Wasserstoff-Gruppe die stark dynamischen Wassercluster. Es schüttelt sie sozusagen gewaltig durcheinander, die OH-Gruppe wird selbst Teil der Cluster, die dann ihre Struktur ändern müssen. Inwieweit allerdings James' Barmixer mit Shaker oder Rührer diese sehr schnellen molekularen Prozesse beeinflussen kann, bleibt Ihrem Urteil überlassen.

Also zum Wohle! Und genug der Flüssigkeiten. Wir möchten gern noch etwas Handfestes.

Der abendliche Aperitif und seine Kartoffelchips

In Frankreich und vielen anderen mediterranen Ländern wird selten getrunken, ohne dass dabei gegessen wird. Da aber in Kürze ein Dinner auf der Tagesordnung steht, werden zum Aperitif immer nur kleine, unkomplizierte Snacks angeboten, die kaum Arbeit machen und sogar gekauft sein dürfen. Etwa geröstete und gesalzene Erdnüsse, Pistazien, Mandeln oder auch solch profane Dinge wie Kartoffelchips. Aha, die Cornflakes des Abends.

Für alle, die beim Frühstück die knusprige Physik der Cornflakes vermisst haben, holen wir das jetzt nach: Kartoffelchips. Wie bitte, Kartoffelchips? Dieses ungesunde Teufelszeug der Couchpotatoes soll außer Fett, Acrylamid und Gesundheitsberaterhass auch noch interessante Wissenschaft beinhalten? Aber klar, wie eben alles, was knusprig ist und zwischen den Zähnen ordentlich kracht.

Knusprig heißt für den Materialforscher vor allem: wenig Wasser. Und meist eine durchlaufene Maillardreaktion. Die kommt zwangsläufig über alle Nahrungsmittel, sobald die Temperatur über 100 Grad steigt, nachdem also das Wasser, gebunden oder ungebunden, verdampft ist. So auch bei hauchdünnen Kartoffelscheiben.

Wie kann sich der Physiker Knusprigkeit vorstellen? Immer, wenn etwas knuspert, dann bricht es auch. Richtig knusprige Chips oder Cornflakes haben also eine physikalische Eigenschaft, die aus der Materialforschung bekannt ist: Sie sind spröde. Wenn wir spröde Materialen brechen, so zerstören wir sie durch einen „Bruch“, und dieser Bruch verursacht ein ganz charakteristisches Geräusch. Glas zum Beispiel. Es klirrt gewaltig, sollte Ihnen beim Apero versehentlich das Glas aus den Händen geglitten und auf den Terrassenplatten zerborsten sein.

Dabei fällt Ihnen auf, wie charakteristisch die Knusperkulinarien zwischen den Zähnen zu Bruch gehen. Sobald die Packung einen Tag schon unachtsam geöffnet in der Küche herumliegt, werden Sie meckern: „Zu weich, ekelhaft, nicht mehr knusprig!“ Das Knuspern können Sie sogar genau charakterisieren, wenn Sie versuchen, die Chips mit der Hand zu brechen. Machen Sie einmal dieses Experiment, aber möglichst unauffällig, Sie wollen schließlich noch einmal eingeladen werden. Jeder willkürlich herausgegriffene Chip bricht mit einem sehr typischen Geräusch, worin sich Chip und Chip gleichen wie ein Ei dem anderen. Genauso bei den Cornflakes. Allerdings können Sie die Lautäußerungen von Frühstückflocken sehr deutlich von denen der Knusperkartoffeln unterscheiden. So lässt sich schnell und rein empirisch erkennen, dass jedes „Material“ seine ganz eigenen und charakteristischen Bruchgeräusche verursacht.

Wie aber definieren wir ein Geräusch? Dumme Frage, irgend so ein Krach eben. Für alle, die es ein wenig genauer wissen möchten: Jedes Geräusch lässt sich in seine Grundbestandteile zerlegen. Erinnern Sie sich noch an den letzten warmen Sommerregen? Ganz ähnlich wie das Prisma aus dem Physikunterricht haben Regentropfen das weiße Sonnenlicht in seine Grundfarben zerlegt, und schon schillerte der schönste Regenbogen übers Land (an dessen Enden, jedenfalls nach der Theorie des Volksmunds und Dagobert Ducks, sich je ein Topf Gold befindet). Regentropfen oder Prisma brechen das Sammelsurium des weißen Lichts nach verschiedenen Wellenlängen auf, blau am stärksten, rot am schwächsten. In dieser Spektralzerlegung lassen sich die Grundfarben des weißen Lichts erkennen, wobei jede Mischfarbe lediglich eine unterschiedliche Zusammensetzung der Grundfarben ist, je nach deren Anteil und Menge. Die geometrische Optik, die Licht als „Strahlen" definiert, kann dieses Phänomen nicht erklären. Die genaue Physik wird durch die Wellen- und Teilcheneigenschaften des Lichts besser beschrieben.

Was bei Lichtwellen funktioniert, sollte bei Schallwellen kein Problem sein. Zwar sind Licht- und Schallwellen physikalisch zwei völlig unterschiedliche Paar Stiefel, aber Welle bleibt letztlich Welle. Musiker kennen das: Die meisten Kompositionen sind aus Tonleitern aufgebaut, die aus reinen Tönen bestehen, so genannten Grundschwingungen. Diese Töne können mittels schwingender Saiten auf Gitarren Geigen oder Sitars oder durch schwingende Luftsäulen in Trompeten, Saxofonen oder Bassklarinetten erzeugt werden. Wenn die Töne möglichst sauber angestoßen werden, lassen sich selbst ganze Jazzstücke klar definiert spielen. Aber ehrlich gesagt, würde die Musik dann ziemlich langweilig klingen. Gerade der Jazz lebt von Phrasierungen, von Blue Notes, der Beimischung von anderen Tönen und gewitzten Ideen. Genau dieses Spiel trieb der Trompeter Miles Davis in göttlicher Perfektion, meisterlich beherrschte er eine Frequenzmischung auf seiner Trompete und blies abenteuerlich faszinierende Töne.

Doch jetzt genug der wirren Ideen. Während Sie meinen kleinen musikalischen Exkurs über sich ergehen lassen mussten, haben Sie vermutlich munter weiter Ihre Kartoffelchips gemampft und sich gefragt, wieso hier von soviel Theorie die Rede ist. Wenn sich jeder wild daher gefetzte Gitarrenakkord eines Marilyn-Manson-Stücks in seine Grundtöne zerlegen lässt, dann doch sicher auch das Krachen eines Knusperchips. Genau. Die Verteilung der Frequenzen, die so ein Chip hergibt, lässt sich zur systematischen Kennzeichnung der Knusprigkeit heranziehen. Das sich daraus abzeichnende Frequenzspektrum ist für den „idealen“ Kartoffelchip bekannt. Alle möglichen physikalischen Parameter spielen da eine Rolle: Restfeuchtigkeit, Fettgehalt, Frittiertemperatur, Anteil von Stärke und Proteinen in der Kartoffel und so weiter. Vor allem das Mengenverhältnis von Stärke zu Proteinen bestimmt den natürlichen Wassergehalt der Kartoffelsorte. Frittieren ist im Grunde nichts anderes als ein ziemlich brutaler Verdampfungsprozess. Im 180 Grad heißen Öl wird das Wasser schnellstmöglich aus der hauchdünnen Kartoffelscheibe abgedampft, nicht ohne kleine Bläschen zu hinterlassen, die sich beim perfekt getimten Frittierprozess kaum mit Fett füllen. Diese Bläschenmorphologie ist für das Bruch- und Knusperverhalten der Chips mitverantwortlich.

Zum Austesten der Geräusche haben Sie einen einfach zugänglichen Parameter in der Hand: Bei den sehr anregenden Gesprächen während des sommerlichen Aperitifs werden Sie schnell einmal vergessen, dass Sie Ihre Kartoffelchips schon länger halten, ohne sie zu knabbern. Das kommt davon, wenn man seine Chips nicht angemessen würdigt: Sie nehmen Feuchtigkeit auf. Zwar sind sie nur unmerklich schlabberiger geworden, aber das Knack- und Bruchverhalten wirkt deutlich unappetitlicher. Das bisschen Wasser Ihres Handschweißes reicht schon aus, um spür- beziehungsweise hörbare Effekte zu erreichen. Dasselbe können wir beobachten, sollte die geöffnete Tüte schon ein paar Tage achtlos herumgelegen sein. Wegen der wasseranziehenden Wirkung des Salzes gelangt Feuchtigkeit aus der Umgebungsluft in die Chips. Schon ein geringes Zuviel an Feuchtigkeit verändert nicht nur den Biss der Chips, sondern auch deren Konsistenz bzw. Textur. Ein Beispiel für große Effekte bei geringen Veränderungen, das zeigt, dass es sich doch lohnt, bei so manchen Küchenaktionen exakt zu denken und zu arbeiten.

Das Knacken der Kartoffelchips ist alles andere als ein „Weißes Rauschen“, also ein Geräusch, das alle (hörbaren) Frequenzen mit gleicher Häufigkeit aufsammelt. Im Gegenteil: Die Verteilung der Frequenzen ist sehr charakteristisch und oft sogar „fraktal“. Und noch eine kleine Bemerkung: Wenn Sie bedenken, dass die Ausbreitungsgeschwindigkeit der Risse und Bruchstellen bei 100 bis 300 Meter pro Sekunde liegt, dann weicht allen Schumis und Ferraris vor Neid das Rot aus dem Gesicht. Derartige Rissausbreitungsgeschwindigkeiten sind selbstverständlich auch ein ausgezeichnetes Maß für die Knusprigkeit. Jede Menge Bruchmechanik in einem einfachen Kartoffelchip – wer hätte das gedacht. Aber diesen eher komplizierten Gedanken spülen wir jetzt am besten mit einem letzten Schluck die Kehle hinunter.

Na, du alte Wursthaut, wie geht's?

Warum kommt mir diese eher bayerisch krude, aber liebevoll gemeinte Begrüßung gerade während des Aperitifs in den Sinn? Freudianer murmeln etwas von Assoziationen, und wahrscheinlich lagen ein paar Wurstscheiben auf einem Tellerchen, die einfach so mit Ihrem Drink angeboten wurden. Gerade in der Schweiz, im Vaud oder in den angrenzenden französischen Gebieten gibt es wundersame, fleischige Würste, die sich Saucisse de Vaud oder, französische Variante, Saucisse de Morteau nennen. Diese lassen Sie im heißen Wasser ca. 40 bis 60 Minuten ziehen, schneiden sie dann in feine Scheiben und essen sie zum Apero oder auf einem schönen Linsensalat, wie auch immer. Die Wursthaut ist ein poröses Material. Das ist gewollt, denn so eignet sie sich hervorragend dazu, Aromastoffe wohldosiert an die richtigen Stellen zu bringen, etwa bei geräucherten Bauernwürsten mit

Naturdärmen als Hüllen. Während des Räucherns dringen die Aromen des Buchenholzes dezent in die Würste. Dadurch erhalten sie ihren typischen Geschmack. Bei synthetischen Pellen (Kunststoffe, Plaste und Elaste) funktioniert das nicht oder nur eingeschränkt: Sie sind zu wenig porös, sodass künstliche Geschmacksstoffe zugegeben werden müssen.

Das Im-Wasser-Ziehen-Lassen ist ein kleines Problem. Immerhin liegen die Würste für einige Zeit im Wasser herum, und unser inneres Frühwarnsystem meldet: Osmosealarm! Sofern sie aus Naturdarm besteht, ist die Wursthaut porös. Weswegen unser Ansinnen, den guten Geschmack im Innern der Wurst vor dem heißen, geschmacksneutralen Wasser zu bewahren, kaum Aussicht auf Erfolg hat. Während des Ziehens – Kochen sollte die Wurst ja nicht – strömen die Aromen über die poröse Haut ins Wasser. Die Folge: Das Wasser wird wurstig, die Wurst wird wässerig. Aus physikalisch-chemischer Sicht ist die Wursthaut eine durchlässige Membran, die etwas Salziges, also das Wurstbrät, von etwas Geschmacksneutralem trennt. Da die Natur stets um Ausgleich bemüht ist, wird der osmotische Druck das Wasser in die Wurst drücken, und zwar im gleichen Maße, wie das Salz der Wurst ins Wasser entfleucht. An der Membran (welch eleganter Name für Wursthaut) entstehen messbare Konzentrationsströme. Sie können die Folgen auch riechen. In Ihrer Küche duftet es nach geräucherten Würsten. Aromen, die mit dem Wasserdampf auf Reisen gehen. Schade, denn die sollten wir, soweit wie möglich, in den Würsten halten.

Da hilft nur eines, eine osmotische Barriere muss aufgebaut werden. Klingt wahnsinnig kompliziert, ist aber relativ einfach. Salzen Sie das Wasser, geben Sie vielleicht noch ein kleines Stück Rauchfleisch dazu. Und schon ist das Wasser nicht mehr geschmacksneutral, sondern selbst reich an Ionen und Duftstoffen. Wenn vor und hinter der Membran etwa dieselbe Salz- und Geschmacksstoffkonzentration herrscht, spielt der Austausch keine Rolle mehr. Also salzen Sie Ihr Wurstkochwasser – zumindest aus physikalischen Gründen.

Die fränkischen „blauen Zipfel“ umschiffen dieses Problem übrigens elegant. Dort schwimmen Bratwürste in einem kräftigen Würzsud und werden gargezogen. Das Kochwasser bekommt alles, was der Wurst gut tut: Senfkörner, Essig, Salz, vielleicht etwas Wein, Nelken, Lorbeerblätter. Jetzt hat die Osmose keine Chance, die ebenfalls gut gewürzten Würste auszulaugen. Im Gegenteil: Der Würzsud ist so kräftig, dass er das meiste an die Würste abgibt und ihnen einen ordentlichen Geschmacksschub mit auf den Weg gibt. Für einen schlichten, kleinen Aperitif fast zu schade. Die blauen Zipfel sind beinahe ein leichtes Abendessen. Zumindest in Franken.

Das physikalische Abendmenü, gespickt mit Kochtheorie

Jetzt wird's aber Zeit, endlich einmal soll vernünftig gekocht und gegessen werden. Nach so vielen Grundlagen und Kochtheorie und vor allem nach diesem Aperitif erlauben wir uns das gern. Die Gäste werden bald hereinschneien, und selbstverständlich wollen wir ihnen etwas besonders Physikalisches vorsetzen, ohne gleich eine Labor-, oder Molekularküche zu benützen. Laborausstattungen sind sündhaft teuer, und eigentlich kriegen wir alles am eigenen Herd hervorragend hin. Packen wir also die Gelegenheit beim Schopf und probieren aus, wo und wie wir diese kleinen physikalisch-chemischen Wunder für uns und unsere Gäste nützen können. Die wichtigsten Zutaten sind wie immer ein Schuss Kreativität und eine Prise kulinarischer Verstand.

Amuse gueule: Separatorenfleischbullettchen

Den Hühnerfond und die Hühnerbrühe werden wir gleich vorbereiten. Selbst gekocht, versteht sich. Und danach wird das Fleisch von dem Knochengerüst des Huhns bis auf die letzten Fetzchen mit dem Ausbeinmesser abgelöst und gesammelt. Von der Hühnerhaut ist noch einiges übrig geblieben. Leider landen derartige Bruchstücke oft genug im Müll, begleitet von letzten Worten wie: „Es ist ja eh ausgekocht, was soll ich mit der unkulinarischen Haut.“ Da wir jedoch den Biohahn gern, aber eben für viel Geld gekauft haben und dazu den Bauern und ihrer Arbeit großen Respekt zollen, wollen wir möglichst alles verwenden. Bevor Sie jetzt denken, hier wird der wissenschaftliche Pfad zugunsten esoterikgesättigter Moralpredigten verlassen, sollten Sie wissen, was das Fleisch direkt vom Knochen so alles enthält: reinstes Hühnereiweiß, Bindegewebe und Kollagen. Davon hat auch die älteste Hühnerhaut mehr als genug. Und Fett, das sich noch nicht in den Fond verabschiedet und sich nach dem Erkalten darauf abgesetzt hat. All diese Bestandteile sind zum Wegwerfen viel zu schade, denn daraus lassen sich wunderbar schmackhafte Bullettchen formen, die Sie Ihren Gästen gut und gern vorsetzen können. Als ersten physikalischen Gruß aus der Küche zum Beispiel.

Diese Frikadellchen benötigen übrigens kein Ei. Bindemittel und Klebstoff werden frei Haus mitgeliefert, und auch mit gekochtem Fleisch funktioniert die Bindung ohne weiteres. Wir wissen ja bereits: Eiweiße binden und kleben, selbst wenn sie denaturiert sind. Eine Tatsache, die allein schon aus dem Kettencharakter der Moleküle folgt. Kettenmoleküle können sich immer irgendwohin fädeln, solange, bis sie wieder Kontakt finden und sich daran mit einem Teil festklammern. Also machen wir die Probe aufs Exempel. Das Suppenhuhn kocht bereits seit einer Stunde, und die Brühe schmeckt schon so deutlich nach Huhn, dass wir sie getrost als Hühnerbrühe bezeichnen dürfen. Wir nehmen das Huhn heraus und lösen das Fleisch ab, solange es warm ist. Da alles Bindegewebe noch schön weich ist, löst sich das Fleisch schnell von den Knochen. Die großen Stücke legen Sie beiseite, daraus bereiten Sie Ihr Hühnerfrikassee. Aber an vielen, vielen Stellen der Karkasse, Flügel und Schlegel hängen etliche kleine Fetzchen Fleisch. Für die Katze zu schade, für den Hund sowieso, also gehen Sie mit dem Küchenskalpell bzw. Ausbeinmesser daran und lösen alles gut ab. Sammeln Sie die Fleischtrümmer. Was Sie bekommen, ist ein gutes Schälchen an ganz persönlichem Separatorenfleisch.

Und das schmeckt! Wunderbare Frikadellen lassen sich daraus herstellen, wozu Sie das Separatorenfleisch zusammen mit einer kleinen Zwiebel, einer Knoblauchzehe und reichlich frischen Salbeiblättern wolfen. Diesen Teig bearbeiten Sie mit der Hand. Und schon passieren auf der unsichtbaren molekularen Skala wunderbare Dinge: Sie kneten die bereits entfalteten Proteine, vorwiegend ähnliche Albumine, die Sie aus dem Eiklar schon kennen, kräftig durch. Dabei strecken diese ihre Kettenenden aus der Oberfläche der Fleischtrümmer zum Teil soweit heraus, dass sie sich gegenseitig zu fassen bekommen. Das passiert an vielen Stellen der gewolften Fleischtrümmer, und schon verkleben sie zu einem formbaren Hackteig. Riechen Sie mal daran: Wundersame Aromen steigen Ihnen in die Nase: reines Hühnerfleisch, frischer Knoblauch, intensiv duftender Salbei, ein Hauch Zwiebel. Nichts ist durch Ei, Brot oder sonstigen überflüssigen Klebstoff oder Lockerungsbeigaben verdünnt. Vergessen Sie die Hühnerhaut nicht, sie wird Fett und Kollagen beisteuern. Beide tragen zur Feuchtigkeit und Wasserbindung bei. Nähmen Sie nur gekochte Hühnerbrüste für Ihre Frikadellen, würden diese sehr, sehr trocken werden.

Den Klebeeigenschaften der Hühnereiweißketten können Sie getrost vertrauen. Formen Sie also kleine Frikadellchen daraus und legen Sie sie in eine Pfanne mit nicht zu heißer Butter. Die Bratzeit ist sehr kurz, es geht lediglich darum, die Oberfläche etwas zu bräunen, sie durchzuwärmen und die Klebung zu fixieren. Ist das nach ein paar Minuten gesche-

hen, kosten Sie gleich aus der Pfanne davon. Und ich garantiere Ihnen, sie werden all diese frischen Aromen wiederfinden. Eine kleine, aber höchst physikalische Variation des altbekannten Salbeihuhns aus dem Klassikkochbuch. Und sie schmeckt. Auch in anderen Würzvariationen: Mit Knoblauch, Thymian und Zitronenschale, vielleicht noch etwas Zitronensaft zaubern Sie eine Variante des provenzalischen Knoblauchhühnchens. Hätten Sie es gern eine Nummer schärfer? Dann geben Sie etwas Harissa und Kreuzkümmel darunter, lassen dafür die Zitronenschale und den Thymian weg. Sind Sie Karibikfan? Urlaub in Jamaika? Reggae und Ragout? No problem, mit Kokosraspeln, etwas Koriandergrün und etwas mildem Curry setzen Sie sich Jimmy Cliff ins Ohr. So viele Variationsmöglichkeiten zum abendlich wissenschaftlichen Auftakt. Und alles ohne Ei.

In Zucker braten:
Karamellisierter Spargel, Petersilienwurzel und Co.

Alle Welt brät in Fett. Und warum? Vielleicht, weil Fett heiß wird und die Poren sofort verschließt? Fett wird heiß, ohne Zweifel, aber welche Poren? Dieses Märchen geistert immer wieder durch die Medien. Dabei war der Spruch ursprünglich nichts weiter als der leider nicht tot zu kriegende Werbegag einer Fettfirma, die damit ihre gehärteten Fette unter die Leute bringen wollte. Leider setzte sich dieser Unsinn in den Köpfen derart fest, dass nur brachiale Wissenschaft helfen kann, diesen Quatsch möglichst schnell vergessen zu machen.

Braten braucht hohe Temperaturen, das ist richtig, aber nicht immer Fett. Hohe Temperaturen lassen sich auch mit anderen Medien übertragen, etwa mit Zucker. Zucker erweicht bei 150 Grad und ist bei ca. 180 Grad vollständig geschmolzen. Dieser Temperaturbereich eignet sich hervorragend zum Braten. Selbstverständlich ist die Wahl des Zuckers nicht nur eine Frage der Temperatur, sondern auch eine des Geschmacks. Zuckerbräterei taugt nicht für jedes Gericht, aber immer dann, wenn Zucker nicht stört, kann auf diese Alternative zurückgegriffen werden. Zum Beispiel bei Spargel, Zwiebeln, Petersilienwurzeln oder roter Paprika – für alle Lebensmittel, die selbst eine gewisse Süße in sich tragen, ist die Methode willkommen.

Als kleine Frühsommervorspeise wählen wir deshalb ein Spargelragout. Hierfür schmelzen wir einen Esslöffel Zucker und geben präparierte Spargelstücke dazu, die gern vom weißen Spargel sein dürfen. Denn dass weißer Spargel diese Prozedur nicht verträgt, ist ebenfalls eine Mär. Gleich geschieht etwas Wunderbares: Der Spargel wird mit dem geschmolzenen Zucker überzogen und beginnt sanft zu bräunen. Dabei wird das Zellgerüst an der Oberfläche des Spargels angeknackst und das darin gebundene Wasser freigesetzt. Keine Angst, das Kochwasser wird dadurch nicht verdünnt, lediglich der Zucker wird etwas gekühlt, sodass ein sanftes Garbräunen möglich ist. Selbstverständlich können Sie mit Fond nachhelfen, sprich immer wieder etwas Fond angießen, ohne den Spargel dabei zu überschwemmen. Nur tropfenweise, sodass der Pfanneninhalt immer sanft bräunt und nicht kocht. Dabei wird der Spargel kaum matschig, er gart kontrolliert vor sich hin und behält seinen Biss, ohne roh zu wirken. Zum Schluss noch mit etwas Sahne und Balsamico abrunden, und fertig ist das Spargelragout.

Das ist lediglich eine Grundidee. Schrecken Sie auch hier vor Experimenten nicht zurück. Versuchen Sie bei nächster Gelegenheit doch einmal eine verschärft-verrauchte Version. Dazu lassen Sie zuerst etwas fettes Dörrfleisch (oder Rauchfleisch) aus, bis die Speckteilchen gut knusprig sind. Nehmen Sie diese aus der Pfanne und geben Sie Zucker ins Fett. Er wird schmelzen und sich chemisch mit seinen Karamellkomponenten umsetzen. Sobald der Zucker leicht gebräunt ist, geben Sie Spargelstücke dazu, die Sie bissfest anbraten beziehungsweise gar ziehen lassen. Geben Sie dann direkt vor dem Servieren einen guten Schuss fruchtiges Olivenöl

darunter. Den Spargel garnieren Sie mit dem Knusperspeck und etwas sehr dünn gehobelten Parmesanscheibchen. Klingt ungewöhnlich, aber Sie werden überrascht sein, wie sich die kontrastreichen Komponenten auf Zunge und Gaumen überlappen.

Ideen wie diese sind selbstverständlich nicht aufs Gemüse beschränkt, ganze Gerichte können Sie so zaubern. Wie wär's mit süßen Mohnhuhnbrüstchen? Die Brüste von jungen Hühnern sind in jeder Hinsicht eine Delikatesse. Und wenn sie richtig süß sein sollen, verzichten Sie zum Anbraten aufs Fett und ersetzen es durch Zucker. Das heißt: Zucker in die Pfanne, schmelzen, hellbraun karamellisieren und jetzt – falls Sie wollen – etwas Olivenöl dazu und die in Stücke parierten Hühnerbrüste. Zusammen mit etwas Ingwer, etwas vorgerösteten Mohnsamen. Gut durchrösten, Hühnerstücke herausnehmen, salzen, pfeffern und warm halten. Den Pfanneninhalt mit dem Hühnerfond vorsichtig ablöschen, die Bruststückchen damit übergießen. Aber das nur als Idee am Rande. Weil wir es gerade vom Zucker hatten.

Fischfilets und polymere Klebetechnik

Die punktgenaue Zubereitung eines Fischfilets war schon immer eine delikate und schwierige Angelegenheit. Allzu leicht fällt das Filet auseinander, sofern es auch nur ein klein bisschen zulange gedämpft oder pochiert ist. Das hat einen schlichten Grund: Fisch enthält kaum Bindegewebe. Deshalb ist jedes Übergaren nicht nur geschmacklich, sondern auch substanziell tödlich. Wie es sich bei den großen Muskellamellen von Seelachs oder Kabeljau am besten beobachten lässt, gleiten die einzelnen Fischmuskelsegmente nach dem Garen aneinander ab. Ein unerwünschter Effekt, der ohne viel Aufwand vermieden werden kann. Wenn man nur den Gesetzen der Klebetechnik und dem weisen Ratschlag von Spitzenköchen folgt. Selbstverständlich sollte der Fisch nicht völlig durchgegart werden. Dieser Hinweis ist mittlerweile überflüssig. Aber die Physik lehrt uns noch einen weiteren Trick.

Wenn Heimwerker zwei glatte Oberflächen so fest wie möglich miteinander verkleben wollen, dann gibt's nur eins: ab in den nächsten Baumarkt, denn dort werden die verschiedensten Kleber und Leime angeboten, mit denen fast alle Materialien problemlos verbunden werden können. Also schmiert der Bastler den Kleber auf die Oberflächen und presst diese für eine gewisse Zeit fest zusammen. Meist hält der Leim, was er verspricht, denn mittels modernster Technik lassen sich für viele Materialien maßgeschneiderte und verträgliche Kleber entwickeln. Die Klebstoffe enthalten häufig lange Kettenmoleküle, die auf molekularer Ebene an den zu verbindenden Oberflächen haften und sich so vielmals zwischen ihnen hin und her schlängeln. Dabei verschlaufen und verhaken sich die Moleküle untereinander, wie die langen Spaghetti im Pastateller. So entsteht zwischen den Klebeflächen ein stark verwebtes Molekülgewirr, das beide Oberflächen fest zusammenhält. Da wünscht man sich zuweilen, manche Materialien trügen ihren Klebstoff gleich mit sich herum, denn dann gäbe es keine Verträglichkeitsprobleme.

Und genau das ist bei unserem Fisch der Fall. Er führt den eigenen Kleber mit im Gepäck: seine Proteine. Wird das Fischfilet einige Zeit vor dem Garen leicht gesalzen, sehr eng in Plastikfolie eingewickelt und in dieser stark gespannten Folie gedämpft, verkleben die Muskelsegmente, und das Fischfleisch hält besser zusammen. Gleich zwei Effekte helfen dabei. Zum einen ein polymerphysikalischer. Die vorgespannte Plastikfolie, die aus fadenförmigen Polymermolekülen aufgebaut ist, hat die Eigenschaft, dass sie sich beim Erwärmen zusammenzieht. Wickeln Sie die Folie also stramm um den Fisch, wird deren Spannung beim Erwärmen nicht geringer, sondern sogar noch leicht höher, und der Fisch wird – trotz Erwärmung – fest zusammengedrückt.

Zum anderen hilft die Molekulargastronomie: Das Salz löst sich langsam auf und zerfällt in seine Natrium- und Chlorionen. Die geladenen Teilchen bewirken, dass sich die Proteine im Fisch leichter auffalten. Ihre Bindung mit sich selbst nimmt ab, die Proteinfäden an den Oberflächen der einzelnen Muskelsegmente sind schon vor dem Erhitzen leicht denaturiert. Wird der Fisch dann gegart, können die Proteinfäden die Muskelsegmente miteinander verbinden, ganz ähnlich wie Klebstoffe aus langen Molekülketten, die zwei getrennte Oberflächen verkleben. Proteinketten wandern zwischen die Muskelsegmente, verschlaufen sich und verkleben diese während des Garens. Schon ist der Zusammenhalt der gedämpften Filets auf dem Teller gewährleistet.

Aha, das Phänomen kennen wir doch schon: Was sich bei der Pasta eher störend auswirkte und die Nudeln verklebte, wird beim Fisch positiv genutzt. Aber, werden Sie jetzt einwenden, das sind doch ganz andere Moleküle. Dort waren es Kohlenhydrate, hier sind es Proteine. Sicher, Sie haben Recht, aber für das Kleben und den Klebeeffekt ist es letztlich völlig egal, um welche Moleküle es sich handelt. So einfach macht die Physik das Leben: Vergessen Sie getrost jede Detailverliebtheit, solange sie nicht wichtig ist und solange sie das physikalische Phänomen mit Ihrem einfachen Modell in den Griff bekommen. Erst wenn sich herausstellt, dass es zu einfach ist, ist die nächste Stufe der Verkomplizierung gefragt, aber wirklich erst dann.

Solange das nicht notwendig ist, lehnen wir uns kurz zurück und nehmen einen kräftigen Schluck vom Weißwein. Denn gleich geht's wieder ab in die Küche. Ein weiterer Fischgang steht auf dem Programm – für alle, die gern nach dem Sinn und Zweck von Panaden fragen. Und für alle, die noch an ein Leben jenseits der Fischstäbchen glauben. Apropos Fischstäbchen. Haben Sie vom Fischfondkochen noch ein wenig Fischfleisch übrig? Oder noch die Bäckchen und Leber Ihres Seeteufels? Oder sonstige Abschnitte vom Filetieren? Dann können Sie daraus ein paar herrliche Fischstäbchen zaubern. Analog dem Separatorenfleisch. Nur noch etwas in Panade, hier Mehl, Ei, Dill, Semmelbrösel gewälzt, ausgebacken und schon sind Ihre Kinder glücklich; und die KüchenphysikerInnen auch. Käpt'n Iglo wird vor Neid erblassen.

Lachsforellenfilets mit Lauchpanade

Sinn und Zweck von Panaden ist das Bilden einer Schutzhülle, die zu allem Überfluss Geschmack mit sich trägt. Stellen Sie sich vor, Sie würden ihr dünn geklopftes Schnitzel ohne Panade in das heiße Frittierfett werfen. Das Telefon klingelt, Sie rennen hin, und der freundliche Herr am anderen Ende der Leitung will partout nicht glauben, dass Sie nicht Tante Hildegard sind. Sie legen so schnell wie möglich wieder auf und rennen in die Küche zum Schnitzel zurück. Noch während der Anrufer sich wortreich für die falsche Nummer entschuldigt hatte, sind Fleischsäfte ausgetreten und verdampfen rasend schnell, es hat gebrodelt und gezischt. Obwohl kaum zwei Minuten vergangen sind, ist Ihr Schnitzel hinüber. Zu trocken, zuviel Hitze. Denn die Oberfläche des blanken Fleisches kommt mit 180 Grad in Berührung. Das Wasser aus den dünnen Dingern ist umgehend verdampft, und da Sie sich für ein Kalb oder ein fettarmes Magerschwein entschieden hatten, ist die Katastrophe perfekt.

Mit Panade sieht die Sache schon viel besser aus, denn Panade besteht aus wasserhaltigen und vor allem Wasser aufnehmenden Substanzen: Brotkrümeln, Semmelbröseln, Mehl und als Klebstoff Ei. Die Panade beziehungsweise das panierte Schnitzel kommt zwar gleichfalls mit der Höllentemperatur von 180 Grad in Berührung, aber das während des Frittierprozesses aus dem Fleisch austretende Wasser wird von der Panade aufgefangen, sodass es langsam und kontrolliert verdampft. Das ist wichtig, denn solange noch Wasser zum Verdampfen in der Panade hängt, steigt die Temperatur an der Oberfläche nicht weit über 100 Grad. Aha, das ist es also. Im Schnitt werden lediglich 102, vielleicht 104 Grad erreicht. Da die Stärkemoleküle das ihnen angebotene Wasser gern einfangen und gar nicht so gern wieder abgeben, verweilt es dort länger, und schon gart Ihr Schnitzel kontrolliert. Die Panade wird schön knusprig, und das Schnitzel bleibt innen zart und saftig. Immer vorausgesetzt, Sie verwenden ein sauber gewachsenes Schwein und keines von der automatisierten Schnellmastzucht. Denn dann sind Hopfen und Malz respektive Semmelbrösel, Mehl und Ei verloren. Schlechte Ausgangsprodukte lassen sich mit der tollsten Physik nicht mehr retten. Mit maskierender Chemie vielleicht – aber das fällt schnell in den Sektor der lügenden Suppen, und auch die haben kurze Beine.

Wasser, Kohlenhydrate, Zellulose, Wasserhalten – all das schafft auch Gemüse. Probieren Sie doch einmal Lachsforellen mit Lauchpanade. Dazu schnippeln Sie den Lauch in kleine Würfelchen, die die Semmelbrösel ersetzen sollen. Alles andere bleibt ähnlich. Die Fischfilets salzen, pfeffern, vielleicht etwas cuminen und coriandern, ab durchs Mehl, dann durchs Ei und anschließend durch den Lauch. Sie werden sehen, die Lauchwürfelchen bleiben regelrecht kleben am Fisch, und sollte doch etwas abfallen, pressen Sie es einfach wieder dran.

Selbstverständlich sollten Sie bei der Wahl der Temperatur vorsichtiger sein. 180 Grad ist dem dicksten Fisch zuviel, er hat ja kaum Bindegewebe. Und sollten Sie ihn übergaren, würde er – siehe oben – auseinander fallen. Butter bietet sich als Wärmeüberträger an, was als geschmacksvermittelndes Element übrigens sehr gut zu Lauch und Fisch passt. Den Fisch also in die aufschäumende Butter, zwei, drei Minuten, dann umdrehen und das Ganze von der anderen Seite. Der Lauch ist gar, der Fisch ist zart, das feine, fast pixelige Lachsrosa-Grün erinnert an Roy Lichtenseins Pop Art. Und nicht nur das. Es schmeckt auch verdammt gut! Na klar, es ist ja auch ein wenig physikalisch-chemische Eat Art.

Marseillaiser Sorbet

Hätten Sie noch Lust auf ein kleines Sorbet, so zwischen Fisch und Fleisch? Schon wieder Eis, werden Sie sich beschweren, aber ein Sorbet ist kein Eis, denn es verzichtet auf alle Emulgatoren sowie Sahne oder Milch, also auf Fett etc. Außerdem wird es salzig und isst sich schnell. Sie brauchen lediglich etwas Pastis und noch etwas Fischfond aus Ihrer Accessoirekammer. Kochen Sie den Fischfond kurz auf und geben Sie einfach soviel Pastis hinein, dass er deutlich zu schmecken ist. Salzen Sie leicht, geben Sie etwas zerstoßenen roten Pfeffer (baises roses) darunter und heben Sie nach dem Abkühlen nicht zu steif geschlagenen Eischnee darunter. Geben Sie all das ins Eisfach und rühren alle 20 Minuten um, damit die Kristalle nicht zu groß werden. Schon fertig. Leichte Kost, leichte Physik, das meiste kennen wir ja schon vom Eis. Nur der Eischnee, der hat es in sich. Diese schaumige Struktur nimmt Ihnen einen großen Teil der Rührarbeit ab, denn allein durch ihre Anwesenheit verhindert sie die Bildung großer Kristalle. Und da wir beim Sorbet von Marseille samt seinen Bistros zu träumen beginnen und uns langsam von den Vorspeisen erholen, wird es höchste Zeit für ein wenig Theorie zur Fleischzubereitung.

Heute Nachmittag hatten wir noch über das Kurzbraten bei Steak und Lammkotelett nachgedacht. Dabei redet sich alle Welt, dieses Buch inklusive, den Mund fusslig, man solle die Silbe „Kurz“ beim Kurzbraten sehr ernst nehmen. Und das mit Grund. Rein wissenschaftlich ist klar, dass das Fleisch beim Durchbraten zum Zähwerden verdammt ist. Nun gut, aber Gulasch, Tafelspitz, Ossobucco und dergleichen muss stundenlang gekocht werden, und es wird nie zäh, dafür aber schön weich und fast schmelzend mürbe. Warum das denn bitte?

Auch wenn es auf den ersten Blick so aussieht: Es ist kein Widerspruch. Denn ein zweiter Blick, der sich diesmal direkt aufs Fleisch richtet, verrät einen deutlichen Unterschied. Kurzbratfleisch weist kaum weiße Einsprengsel auf, ein Stück Schmorbraten schon. Schmorfleisch, sei es vom Lamm, Rind oder Schwein, ist im bloßen Aussehen von Rumpsteak oder Kotelett völlig verschieden. Im Schmorfleisch sind dicke weiße Streifen zu erkennen. Klar, beim Metzger hatten Sie ja Rind verlangt, „aber bitte schön durchwachsen“. Das wurde mit der Frage quittiert, ob es heute denn Gulasch gebe. Die dicken, weißen Einlagerungen sind kein Fett, sie lassen sich nicht so leicht schmelzen. Wären sie Fett, würden sie bei Hitzezufuhr einfach in der Pfanne verschwinden. Tun sie aber nicht, sondern nach einiger Zeit werden sie glasig, bis sie vollkommen durchsichtig und glibberig sind. Diese weißen Anteile bestehen hauptsächlich aus Bindegewebe, also Kollagen. Das ist ein Proteingerüst, das zur Standfestigkeit des Tiers beiträgt. Ein kräftiges Strukturelement, das gleich aus drei Proteinketten aufgebaut ist, die zu einer Dreifachhelix ineinander verzwirbelt sind. Solange diese Proteinketten so eng verwickelt sind, ist das Kollagen hart und fest und für den wohlwollendsten Esser einfach ungenießbar. Deshalb wird für Tartar, also rohes Fleisch, oft nur beste Lende ohne nennenswerten Kollagenanteil verwendet.

Bis diese Bindegewebsfibrillen entzwirbelt sind, braucht es seine Zeit. Je nach Fleischstück und Kollagengehalt kann sich die Schmorzeit über mehrere Stunden hinziehen. Aber die Kollagenmoleküle erzählen uns noch mehr: Sie bestehen aus jeder Menge hydrophiler Aminosäuren, die nichts lieber tun, als Wassermoleküle festzuhalten. Sind die Kollagendrähte erst einmal aufgewickelt, bilden sie ein lockeres Gelatinenetzwerk, das entlang seiner Ketten und zwischen den Maschen Wasser einfangen kann. Wäre dieses Wasser als Abstandshalter nicht vorhanden, zöge sich das Gelatinenetz viel enger zusammen und wäre härter. Und schon wissen wir, warum es sich in Wasser am besten schmort: Aus der Schmorflüssigkeit wird das Gelatinenetz mit seinem Quellmittel gespeist. So glibbert die reichhaltig vorhandene Gelatine einladend im Mund und gibt uns das saftige Mundgefühl eines perfekten Schmorbratens.

Der physikalische Vorgang ist spannend, sogar im Detail: Die verdrillten Proteine werden durch schwache molekulare (Wasserstoffbrücken-)Bindungen zusammengehalten, denen es durch die Wärme an den Kragen geht. Schon zwirbeln sich die Proteine auf, und die dabei frei werdenden Bindungsstellen werden mit Wasser besetzt. Die Folge: Die Moleküle werden weiter auseinandergedrückt, die Abstände zwischen ihnen größer, und es bildet sich ein weitmaschiges, mit Wasser gefülltes Netz. Dabei sind die Molekülabstände der Ketten so groß, dass sogar das Licht ungehindert hindurchstrahlen kann. Schon ist aus dem weißen Kollagen nahezu transparente Gelatine geworden.

Sollte, ganz wider Erwarten, von Ihrem guten Schmorfleisch einmal etwas übrig bleiben, trocknet das Gelatinenetzwerk über Nacht leicht aus. Da der Braten kalt wird, wackeln die Moleküle weniger heftig, und auch die Wasseraufnahmefähigkeit sinkt. Wasser dampft aus dem Netzwerk, sodass es sich wieder etwas zusammenziehen kann. Der kalte Braten wird härter und die Gelatine wieder undurchsichtig.

Nur als kleiner Tipp am Rande: Rinderbäckchen mit einem ausgewogenen Verhältnis von Muskelprotein und Kollagen sind vermutlich das beste Schmorfleisch. Etwas Zarteres und Saftigeres werden Sie kaum bekommen. Das liegt in der Natur der Sache, denn das Bindegewebe hält die Backen an

Kopf und Kiefer fest, und das ständige Widerkauen hat den Muskeln gar keine andere Wahl gelassen, als in steter Bewegung zu bleiben. Dieses zugegeben etwas spezielle Beispiel zeigt, dass es sich durchaus lohnt, über die Auswahl der Fleischstücke etwas mehr nachzudenken. Mit „Proteinverstand" versehen, werden wir uns über die passenden Zubereitungsmöglichkeiten weniger Gedanken machen müssen. Aber auch die Vorgeschichte der Fleischbehandlung ist überaus wichtig.

Was die Frage beim Metzger nach „gut abgehangenem Filet" eigentlich bedeutet, kann so manchen das Gruseln lehren, aber es führt uns zu weit in die Biochemie der Fleischreifung. Auch dort würden uns die verschiedenen Proteine, die den Gewebeaufbau bestimmen, die dramatisch unterschiedliche Reifungszeit etwa von Wild, Rind oder Schwein erklären. Generell gilt die Faustregel: Je kürzer die Bratzeit, desto länger sollte das Fleisch abhängen. Sollten Sie sich wundern, warum Ihr Lendensteak vom Rind immer etwas zäh bleibt, selbst wenn Sie es nicht totbraten, wäre es an der Zeit, Ihren Metzger nach seinen Abhängezeiten im Kühlhaus zu fragen.

Darauf kommt es nicht nur beim Kurzbraten an, sondern auch beim Pochieren. Versuchen Sie sich doch einmal an einer pochierten Rinder- oder Schweinelende. Sie werden erstaunt sein, wie gut so etwas auch ohne Maillardprodukte schmeckt. Dazu hängen Sie ein Stück einer gut abgehangenen Rinderlende mit Hilfe einer Bindfadenkonstruktion an einen Kochlöffel, sodass es den Topfboden nicht berührt und dennoch tief in der Pochierflüssigkeit versinkt. Pochieren sie so das Filet à la ficelle in wässriger Lösung, der Sie alle gewünschten Geschmackselemente beigegeben haben. Noch besser ist es, das Rinderfilet in einer selbst hergestellten Rinderbrühe zu pochieren. Sie wissen ja warum. Genau: Dann befindet sich schon alles im Wasser, was in der Lende auch enthalten ist, und die Köstlichkeiten in der Lende haben keine Veranlassung mehr, osmotisch baden zu gehen. Auch dürfen Sie dem Wasser noch Wurzelgemüse und Gewürze Ihrer Wahl beigeben. Da diese Komponenten nicht im Fleisch vorhanden sind, drücken sie dort hinein, wie die Fans am Samstagnachmittag ins Stadion ihrer Lieblingsmannschaft. Achten Sie darauf, dass die Wassertemperatur 70 Grad nicht übersteigt, denn Sie möchten das Fleisch ja pochieren und nicht kochen. Dazu hätten Sie ein kollagenreicheres Stück ausgewählt. Gutes Kochfleisch eben. Etwas in Richtung Suppenfleisch.

Diese Pochiermethode hat den Vorteil, dass sich die Proteine zwar entfalten, aber kaum untereinander vernetzen, wozu sie Temperaturen von weit über 100 Grad benötigten. Aber Vorsicht: Trocken werden kann das Fleisch beim Pochieren schon, denn das ursprünglich an die Proteine gebundene Wasser kann in die Brühe abwandern. Pochieren Sie das Fleisch also nicht zu Tode, lassen Sie den Kern ruhig roh oder zumindest rosa. Es schadet nichts, im Gegenteil. Es schmeckt dann genau so, wie der Herr in seiner Weisheit das Rind erschaffen hat.

Draußen und drinnen – die Marinade

Für unser Abendmenü liegt bereits ein Stück Lammschulter in der Marinade. Um einmal etwas anderes zu servieren als Sauerbraten in allen Dialekten – schwäbisch, badisch, rheinisch, in Essig und/oder Wein mariniert –, probieren Sie eine Lammschulter in Buttermilchmarinade. Oder ein Hühnchen in Joghurt. Schon ist die Dialektsammlung bereichert um Hindi, Tamil oder, umfassend, Tandoori. Die Losung lautet: Säure muss her, die meisten Marinaden leben davon. Das ist die Minimalforderung, und wir wissen auch, warum: Säure denaturiert Proteine, sie verändert deren Struktur und somit auch die Struktur des Fleisches, auf dass weitere geschmacksrelevante Moleküle vordringen können.

Hängt eigentlich die Mariniergeschwindigkeit oder gar die Wirkungsweise der Flüssigkeit von ihrer Zusammensetzung ab? Es wäre schon ein kleines Wunder, würde die Wirkungsweise von Rot- oder Weißwein in der Marinade keine feinen Unterschiede aufweisen, von der Farbe einmal abgesehen. Aber auch dort liegt der Hund begraben, denn wer sagt eigentlich, dass die gefeierten Polyphenole im Rotwein genau so weit eindringen wie die Säuren des Rieslings? Wer mariniert durchdringender: Weißwein oder Rotwein? Und wie ist das mit essigreichen Marinaden? Spannende Fragen, in der Tat. Wichtig ist auch, ob bestimmte Stoffe einer Marinade weiter eindringen als andere. Das ist auf den ersten Blick gar nicht so leicht zu erkennen, denn das Fleisch ist für die Marinade kein „neutrales Medium“. Schließlich muss die Marinade durch ein poröses Material aus Proteinen, Wasser, Fetten, tierischen Zuckern (dort heißen sie Glykogene) dringen. Und dabei gibt es viele Hindernisse. Abgesehen von Poren unterschiedlichster Größe bleiben die Bestandteile von Marinaden an den Proteinen hängen. Zuerst diffundieren die winzigen Protonen der Säure in das Fleisch ein und denaturieren teilweise die Proteine. Dabei handelt es sich zum einen um Muskelproteine, aber auch um das schon mehrfach angesprochene Kollagen. All diese Proteine bestehen wie immer aus hydrophilen und hydrophoben Aminosäuren, die hydrophile wie auch hydrophobe Bestandteile der Marinade an sich binden können. Bei reinen Wasser-Essigmarinaden, wo im Wesentlichen nur Säuren eine Rolle spielen, mag dies unerheblich sein, bei Rotweinmarinaden schon nicht mehr. Denn im Rotwein, vor allem um dessen Alkoholmoleküle, befinden sich viele Farb- und Gerbstoffe, unter anderem die gern genannten Polyphenole. Diese sind aufgrund ihrer chemischen Struktur hydrophob, weswegen sie sich an den hydrophoben Aminosäuren der Proteine anlagern, um Komplexe zu bilden. Sogar während des Schmorens können sie mit den Proteinen reagieren und so zu Strukturen beitragen, die das Fleisch zart machen, aber nicht austrocknen. Andere Bestandteile können, je nach Größe und Eigenschaften, noch weiter eindringen. Die Polyphenole können anderseits auch Proteine, die von Säuren denaturiert wurden, neu vernetzen. Schon bilden sich wieder andere, engmaschigere Strukturen mit veränderten Filtereigenschaften. Verdammt kompliziert, nicht wahr?

Letztlich ist noch gar nicht klar, wie das Marinieren im Detail vonstatten geht. Nur eines ist gewiss: Marinierte Fleischstücke schmecken hervorragend. Also sollten wir uns von diesen ungeklärten Fragen zum weiteren Nachdenken anspornen lassen, um für bestimmte Fleischsorten die bestmöglichen Marinaden einzusetzen. Das heißt fleißig experimentieren und sich den Appetit bloß nicht verderben lassen.

Deshalb nehmen wir die Lammschulterstücke aus der Buttermilchmarinade, die schon ein wenig zerstoßenen Kardamom, Curryblätter und Chilischoten in sich trug, tupfen sie trocken und braten sie in heißem Butterschmalz scharf an. Dann nehmen wir das Fleisch aus der Pfanne, bestäuben es mit etwas Kichererbsenmehl, geben fein gehackte Schalotten, Knoblauch und frischen Ingwer in die heiße Pfanne, bis diese glasig sind. Dann geben wir zerstoßenen Cuminsamen und etwas Chili dazu, rühren kurz durch und würzen noch mit Colombocurrypulver und Salz. Endlich kommen die Lammschulterwürfel wieder in die Pfanne, wir schwenken sie noch ein, zwei Minuten durch, geben die Marinade peu à peu zu und lassen alles eine Stunde schmoren. Küchenexoten und solche, die es werden wollen, werden eine wahre Freude an diesem Aromenspiel haben.

Wem die oben gestellten Fragen zur Marinade, deren Wirkungsweise und Eindringtiefe nicht ausreichend beantwortet wurden, der greife besser zur Spritze und transportiere seine Marinade dorthin, wo sie wirken soll: tief ins Herz des Bratens.

Sollten Sie, womöglich in Gegenwart Ihrer Gäste, einen Schweinebraten mit Ananas-, Papaya- oder Kiwisaft mariniert haben und sollte dieser Saft dazu auch noch mittels einer Injektionsspritze tief ins Innere des Fleisches verfrachtet werden, könnte das für manchen Zeitgenossen nach Spielerei, purer Angeberei oder Kurpfuscherei am Küchenherd aussehen. Doch dafür gibt es einen elementaren wissenschaftlichen Hintergrund: Die bloße Anwesenheit des Enzyms Bromelin der Ananas kann Eiweiße, also auch das Bindegewebe des Schweinebratens, zum Zersetzen veranlassen. Das Fleisch erhält dadurch einen außergewöhnlich zarten Schmelz. Dieser Effekt ist auch zu erahnen, wenn Schweinefleisch mit (Trocken-)Früchten, Ananas inklusive, gegart wird.

Die Kehrseite der Medaille: Sollte ein eifriger Sonntagskoch versuchen, seinen Fruchtsalat mit Gelatine zu einem kalten Sommerdessert zu gelieren, misslingt dies, sobald sich auch nur ein winziges Stück frischer Ananas im Obst befindet. Denn dasselbe Enzym Bromelin, das den Schweinebraten verzartet, veranlasst Gelatine, sich in kleine Kettenstücke zu zerlegen. Gelatine, meist ebenfalls schweinischen Ursprungs, entsteht beim Auskochen von Schweins- oder Kalbsfüßen, Schwarten und Knochen, die sehr kollagenhaltig sind. Wie eine Stahlseilkonstruktion gibt Kollagen den Muskeln Halt und bindet sie an Knochen fest. Eine lange Kochzeit entdrillt die Proteinstränge zu mehreren weichen Gelatineketten, die sich in Wasser lösen und für dicke Saucen und beim Abkühlen für feste Sülzen sorgen. Gelatine, die nichts anderes als denaturiertes Kollagen ist, besteht aus physikalischer Sicht aus langen Kettenmolekülen. Diese Ketten tragen viele elektrisch geladene Aminosäuren mit sich herum, die Wasser binden können. Solange die Moleküle ausreichend lang sind, bilden sie beim Erkalten ein Netz und fangen aufgrund ihrer Ladungen Wasser, Fruchtsäfte und dergleichen ein. Fertig ist das Gel. Ist Bromelin im Spiel, werden die Ketten immer kürzer, und es wird schwieriger, ein festes Gelee zu bilden. Die kurzen Kettenstücke bekommen sich gegenseitig nicht mehr zu fassen.

Die Verbindung dieser beiden Phänomene regt einen Molekularkoch zu neuen Gerichten oder neuen Garmethoden an. Das nächste Mal lässt er beim Dessert die Ananas weg, oder er verwendet als Geliermittel das rein pflanzliche Agar-Agar, dessen Kohlenhydratpolymere die Enzyme verschmähen. Schon geliert der Obstsalat, Ananas inklusive, ohne Probleme. Eine andere Möglichkeit wäre, die Funktion der Enzyme durch Blanchieren der Ananasstücke auszuschalten.

Das Injizieren von Marinaden hat noch einen tieferen physikalischen Grund. Landläufig ist man der Meinung, Marinaden drängten, ließe man ihnen nur genügend Zeit, extrem tief in das Fleisch ein. Das ist keineswegs der Fall. Ein einfaches Experiment zeigt: Befinden sich Fleischstücke in einer Marinade aus einem farbstarken Rotwein, etwa Dornfelder, liegt selbst nach einer Woche die Eindringtiefe der Farbstoffe (und damit der Marinade) lediglich im Millimeterbereich. Dies ist nach dem Anschneiden mit bloßem Auge zu sehen und kann mit aufwändigen Techniken nachgemessen werden. Spritzen Sie dagegen die Marinade tief ins Fleisch, erzielen Sie dadurch Effekte und Ergüsse an Stellen, die mit Osmose und Diffusion selbst nach langer Marinierzeit nie erreicht worden wären. Nun aber hat das Kollagen tief unter der Fleischoberfläche nichts mehr zu lachen. Mit der Kraft der Säure und enzymatischer Unterstützung geht es den stabilen Strukturpoteinen schon vor dem Kochen gewaltig an den Kragen. Zur Freude Ihrer Gäste, versteht sich, der Schweinebraten schmilzt auf deren Zungen.

Enzyme, erstaunliche Biokatalysatoren

Nach soviel Genuss muss wieder einmal Tacheles geredet werden. Schon seit geraumer Zeit schwärmen wir von Enzymen, die allerhand Gutes und zuweilen auch Schlechtes bewerkstelligen, selbst in unserem Körper. Was sind das nur für Wundermittel, die allein durch ihre Anwesenheit und der Bereitstellung ihrer Oberfläche den Schweinebraten zart halten? Es sind spezielle Moleküle, die Prozesse ermöglichen, ohne sich selbst daran zu beteiligen. In der Chemie nennt man solche Moleküle Katalysatoren. Aha, werden Sie jetzt denken, und was hat das mit meinem Auto zu tun? Dort habe ich doch auch einen Katalysator. Sehr richtig, erst dieser Katalysator ermöglicht, dass viele der Verbrennungsgase aus dem Motor nochmals chemisch reagieren und dadurch zu Wasser, Kohlendioxid und Stickstoff werden, die für die Umwelt, vom Treibhauseffekt einmal abgesehen, eher harmlos sind. Dabei hält sich der Katalysator vom eigentlichen Verbrennungsprozess fein raus. Er nimmt sich lediglich das Abgas zur Brust, indem dies über eine riesige, raue und zugleich heiße Oberfläche geleitet wird, wo die Stickoxide, Kohlenwasserstoffe usw. unter kurzzeitiger Adsorption nochmals reagieren können.

Ganz ähnlich funktioniert es übrigens später auch bei der Verdauung unseres Menüs. Der wichtigste Schritt dabei ist, dass all die herrlich schmeckenden Genussmittel in ihre molekularen Bestandteile zerlegt werden. Und das ist gar nicht so einfach, schon allein angesichts der Vielzahl der Proteine. Sie werden gespalten und in ihre Aminosäuren zerlegt, die dann wieder zu neuen körpereigenen Proteinen zusammengesetzt werden. Fette oder Kohlenhydrate haben einen völlig anderen molekularen Aufbau und müssen auch in ihre Fettsäuren oder Glucose und Fructose zerlegt werden, damit unsere eigene Biochemie mit diesen Molekülen überhaupt etwas anfangen kann.

Proteinketten etwa müssen zuerst auseinander gerissen werden, bevor sie weiter in ihre Aminosäuren zerlegt werden; Fettsäuren müssen vom Fett abgerissen, Einzelzuckermoleküle aus Kohlenhydratketten herausgeschnitten werden. All das kostet Energie. Wenn Sie ein Gummiband zerreißen möchten, brauchen Sie zuerst Kraft, um das Band bis zum Zerreißen zu dehnen. Kraft mal Weg ist Energie. Ist das Band zerrissen, dann ist kein Kraftaufwand mehr vonnöten, Sie haben es geschafft. Bildlich gesprochen haben Sie vom ungedehnten Zustand über das Dehnen bis zum Reißen einen sehr hohen Energieberg überwunden. Gäbe es ein Wundermittel, das diesen Energieberg etwas einebnen könnte, ohne sich direkt am Prozess zu beteiligen, dann könnten Sie das Band mit wesentlich niedrigerem Kraftaufwand zerreißen. Dieses Wundermittel hieße dann Katalysator, bei biologischen Systemen Enzym genannt. Für das Gummiband würde es schon reichen, wenn Sie es für einige Zeit in Benzol legen und dann dehnen. Das Benzol dringt in den Gummi ein, streckt dabei die Ketten vor, und Sie hätten weniger Arbeit zu verrichten. Aber das nur am Rande.

Die meisten Enzyme senken den Energieaufwand eines Prozesses, wobei es ohne diese Senkung gar nicht erst zum Prozess käme. Damit das funktioniert, muss das Enzym das betreffende Molekül überhaupt erst erkennen. Es muss daher ohne Probleme den Unterschied zwischen Fett, Kohlenhydraten und Proteinen ausmachen können, und zwar punktgenau. Doch Enzyme erkennen noch feinere Unterschiede. Sie müssen zwischen wasserliebenden und wasserhassenden Molekülen trennen können, eine Differenzierung, die die Natur mittels der Aminosäuren trifft. Enzyme müssen aber auch die Struktur von den zu verarbeitenden Molekülen erkennen. Also brauchen auch die Enzyme eine Struktur, mit der sie ihren Gegenpart abtasten, um zu erkennen, ob es passt oder nicht. Daher liegt es nahe, dass Enzyme selbst spezielle Proteine sind. Wenn dem aber so ist, dann können Sie die Wirkung der Enzyme auch ausschalten, sollten sie Sie in Ihrem Küchenlabor einmal stören. Wie? Ganz einfach, indem Sie deren Struktur durch kurzzeitiges Erhitzen zerstören. Dann denaturieren auch Enzyme und verlieren ihre Funktion, die ausschließlich auf ihrer genauen Struktur gründet. Sie sind eben auch nur Proteine, wenn auch ganz schön pfiffige.

Wie feinfühlig und sensibel Enzyme sein können, lässt sich an Stärke erkennen. Pflanzen enthalten meist Stärke und Zellulose. Beide bestehen aus denselben Atomen und Molekülgruppen und sind chemisch fast identisch. Nur die Struktur der beiden Moleküle ist um einen winzigen Hauch verschieden. Diesen kleinen Unterschied erspürt das Enzym Amylase. Stärke spaltet sich in viele Zucker auf, während Zellulose unverdaut und unbeeinflusst durch den Darm marschiert. Ein dumpfer Klotz! Ökotrophologen haben deshalb derartig coole Moleküle Ballaststoffe getauft.

Niedrigsttemperaturgaren

Bei Niedriggartemperaturmethoden schien es bisher nur wichtig, eine Temperatur von über 70 Grad zu erreichen, auf dass sich die Proteine wirklich auffalten und das Fleisch gart. Doch auch derjenige, der behauptet, dass Fleisch im Wasserbad auch bei lediglich 60 Grad „garen“ kann, dafür

nur etwas mehr Zeit benötige, hat Recht. Oder sagen wir so: Das Fleisch wird mit großer Wahrscheinlichkeit gar.

Derartige, für Hobbyköche niedrige Temperaturen müssen wohl reguliert werden, was nur im Wasserbad funktionieren kann. Verwenden Sie einen großen Bräter mit riesigem Fassungsvermögen, sodass viel Wasser und die Lende eines Bioschweins darin Platz haben. Groß muss der Bräter auch sein, damit während des Garens das Wasser nicht im Übermaß verdampft, die Temperatur sollte nicht zu stark schwanken. Ganz so einfach wird's diesmal nicht. Ein Versuchsaufbau ist notwendig, um die Temperatur einzustellen. Der Bräter steht auf Heizplatten, die mit einem Thermoelement im Wasser und einem Thermostaten gekoppelt sind. Der dadurch erreichte Heizrhythmus lässt die Temperatur tolerabel zwischen 58 und 62 Grad pendeln. Damit das Fleisch über die vielen

Stunden nicht direkt mit Wasser in Berührung kommt und Ihnen die Osmose nicht kräftig in die Suppe spuckt, wird es am besten vom Metzger in einer dicken Folie vakuumiert und fest eingeschweißt.

Der physikalische Trick bei dieser Methode ist, dass die Proteine nicht auf einen Schlag denaturiert werden, sondern nur mit einer gewissen Wahrscheinlichkeit. Wie kann das aber geschehen, wenn die Temperatur nie höher ist als jene bekannten 70 Grad, bei denen sich die Proteine erst völlig entfalten? Thermische Fluktuationen einer mittleren thermischen Energie, die proportional zur Temperatur selbst ist, erlauben eine langsame, aber stete Entfaltung der Proteine und damit ein langsames Garen. Je nach Fleischdicke müssen Sie etwa 10 bis 30 Stunden warten. Aber es lohnt sich, von Geschmack und Konsistenz her wird Sie das Ergebnis mehr als beeindrucken. Noch dazu benötigen Sie kein Messer mehr, jede Muskelfaser lässt sich mit der Zunge zerdrücken.

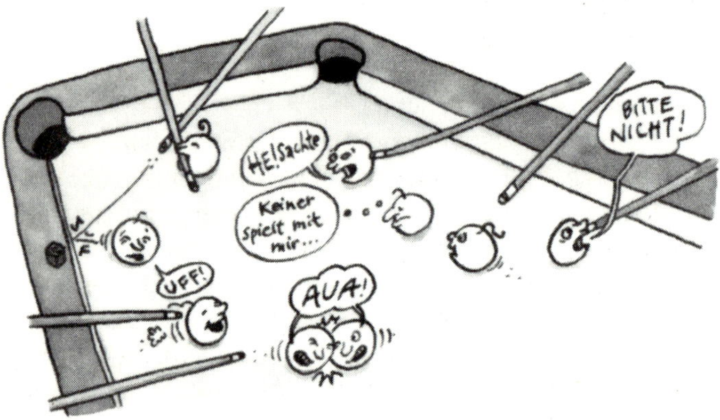

Hinter dem etwas kryptischen Begriff „thermische Fluktuationen" verbirgt sich nichts weiter als die Tatsache, dass Temperatur letztlich Energie bedeutet. Physiker messen die thermische Energie mit der absoluten Temperatur selbst, die sie mit der Boltzmannkonstante $k \approx 1.381 \, 10^{-23}$ Joule/Kelvin, eine Naturkonstante, multiplizieren, das nur für Spezialisten. Mit steigender Temperatur nimmt also die Bewegungsenergie der Moleküle zu und damit auch deren Geschwindigkeit. Könnten sich die Moleküle frei bewegen, würden sie bei steigender Temperatur immer schneller werden und in vollkommen zufällige Richtungen davon flitzen. Sie sind aber nicht frei, andere Moleküle stehen im Weg, die nun wiederum angestoßen werden. Stellen Sie sich einen Billardtisch mit vielen Kugeln vor (das wären die Moleküle), bei dem zu viele Spieler mit ihren Queues (das wäre die über die Wärme eingespeiste Energie) immer wilder und wahlloser auf die Kugeln zielen. Immer heftiger stoßen die Billardkugeln aneinander, im Mittel aber verteilen sie sich gleichmäßig auf dem ganzen Tisch. In dem Stück Fleisch sind Moleküle, wie etwa die Proteine, ebenfalls nicht frei beweglich, sondern in einem ganzen Molekülverband eingebunden. Sie wollen sich bewegen, können es aber nicht, denn sie werden von den anderen zurückgehalten und befinden sich in einer Zwangslage. Daher wackeln die Proteine immer heftiger, bis sie sich schließlich aus ihrer natürlichen Gestalt verabschieden und sich zu langen Fäden aufwickeln.

Eigentlich wollen die Proteine das gar nicht, ihre von der Natur vorgegebene Gestalt ist ja darauf angelegt, sehr stabil zu sein. Damit sich die Proteine zu einem langen Faden entfalten, muss ein hoher Energieberg überwunden werden. Das kostet Energie, die normalerweise durch die Kochtemperatur von über 70 Grad geliefert wird. Bei den bescheidenen 60 Grad wird diese zwar nicht erreicht, dennoch bekommen die Proteine Schützenhilfe: Sie werden auf ein Podest gestellt und sind so dem Berggipfel schon sehr nahe. Kommen jetzt noch ein paar zufällige Stöße und kräftige Schubser nach oben hinzu, klappt die Sache hin und wieder, und schwupp, ist der Gipfel erklommen. Das Protein fällt auf die andere Seite des Bergs, der den Zustand des langen, abgewickelten Fadens symbolisiert. Bei 60 Grad ist die Temperatur schon so hoch, dass eine gewisse Anzahl der Proteine denaturieren kann. Zwar mit einer geringen, aber doch nicht vernachlässigbaren Wahrscheinlichkeit. Warten wir nur lange genug, passiert das immer öfter, und so entfalten sich nach und nach immer mehr Proteine. Anders ausgedrückt: Die Lende gart extrem langsam. Das Wesentliche dieser Methode: All die molekularen Vorfälle geschehen immer nur mit einer gewissen Wahrscheinlichkeit, die durch die eingestellte Temperatur mitbestimmt ist. Daher geht es viel langsamer und schonender. Und genau das schmecken Sie. Gewürzt mit einem Hauch „statistischer Physik".

Der außergewöhnlich betonte Eigengeschmack der Lende lässt sich ebenfalls thermodynamisch begründen: Auch während des sehr langsamen Garens tritt etwas von dem an die Proteine gebundenen Wasser (Fleischsäfte) aus. Das können Sie direkt unter der Folie beobachten. Dieses fleischeigene Wasser „mariniert" die Lende zugleich. Da die Osmose stets auf Ausgleich bedacht ist und außerhalb und innerhalb dieselbe Mineralstoff- und Salzkonzentration angestrebt wird, geht unter der Folie nichts an Geschmack verloren. Und das schmeckt man: Selbst wenn Sie auf jegliches Gewürz, sogar auf Salz vor dem Einschweißen verzichten, wird Ihnen die Lende ausgezeichnet schmecken. „Garen im eigenen Saft" erhält damit sogar seine ureigene und, besser noch, seine physikalische Bedeutung.

Dies ist selbstverständlich nicht so ohne Weiteres in der eigenen Küche durchführbar. Das Hauptproblem besteht darin, eine möglichst konstante Temperatur zu halten. Dabei auch noch auf niedrigen 60 Grad. Ein schwieriges technisches Unterfangen, das die Profi-Gastronomie mit modernster Technik, nämlich Hold-o-maten löst. Aber dennoch zeigt uns dieses Experiment, was thermische Fluktuationen bewirken: eine langsame Denaturierung der Proteine und schmackhaftere Resultate.

Kochtheorie – Frittieren

Auch wenn Sie sich für Ihre Gemüsebeilage noch so anstrengen, es gibt immer wieder jemanden, der nach Pommes frites ruft. Bestimmt ist es auch diesmal wieder so. Es ist also unerlässlich, sich einmal etwas eingehender mit dem Frittierprozess zu beschäftigen.

Frittieren ist ein seltsames Geschäft. Zwar werfen Sie Ihre Kartoffelstückchen, ob Pommes, Würfel, Stroh, oder Achtel, in 180 Grad heißes Öl, aber der eigentliche Garprozess findet doch nur bei 103 bis 105 Grad statt. Verrückt? Nein, überhaupt nicht. Zwar ist der erste Kontakt der Kartoffel mit dem Öl sehr heiß, aber die Kartoffel enthält ja auch jede Menge Wasser. Und selbst wenn Sie einen Topf Wasser in eine heiße Glut setzen, steigt die Temperatur im Topf nicht über 100 Grad. Zumindest, solange – und seien es auch nur ein paar Tropfen – Wasser vorhanden ist. Genau das nützt Frittieren aus. Das Kartoffelstück kommt mit dem heißen Öl in Berührung, sofort verdampft das Wasser aus der Oberfläche. Ist das geschehen, steigt die Temperatur an der Kartoffeloberfläche um wenige Grad, und die Bräunungsreaktion setzt ein. Gleichzeitig wird die Wärme in tiefere Schichten der Kartoffel geleitet, was das Wasser dort sofort zum Verdampfen veranlasst. Wasser wird zu Gas, dehnt sich aus und drückt nach außen an die Oberfläche. Dort trifft es auf das heiße Öl, der Wasserdampf dehnt sich weiter aus, sprudelt und zischt aus dem Öl und hinterlässt dabei die charakteristischen Frittiergeräusche. Stimmt dabei die Öltemperatur, so ergibt sich ein gleichmäßiger Wasserdampfstrom aus der Kartoffel an deren Oberfläche. Das ist auch gut so, denn wenn etwas in rauen Mengen von drinnen nach draußen strömt, kann umgekehrt kaum etwas eindringen. Frittierfett zum Beispiel. Das soll ja weitgehend vom Frittiergut ferngehalten werden. Insofern hat Frittieren immer etwas von Dämpfen. Dazu muss sich ein wohlausgewogenes Verhältnis von Wasser, Stärke und Protein in der Kartoffel befinden. Ideal erweisen sich 80 Prozent Wasser und ca. 15 Prozent Stärke. Sonst passen bei den Fritten Bräunung, Knusprigkeit und Garzustand im Inneren nicht zusammen. Schon allein aus physikalisch-chemischen Gründen eignet sich nicht jede beliebige Kartoffelsorte zum Frittieren.

Zu heiß darf das Öl nicht sein, denn hier geht's zu wie in der Medizin. Viel hilft nicht immer viel. Ist das Frittieröl viel zu heiß, dann ist der Temperaturschock an der Oberfläche der Kartoffel sehr groß. Das in der Kartoffel eingelagerte Wasser verdampft schlagartig, es explodiert regelrecht und reißt dabei die tollsten Krater in die Kartoffeloberfläche. Das wäre nicht weiter schlimm, würde das Wasser aus den tiefer liegenden Schichten der Kartoffel an die Oberfläche drängen, um dort diese Löcher zu füllen und dann gemächlich ebenfalls zu verdampfen. Durch den hohen Temperaturunterschied hat es aber gar nicht die Zeit dazu. Denn im Inneren der Kartoffel ist es noch relativ kalt, da bisher kein Temperaturausgleich über die Wärmeleitung erfolgt ist. Das Wasser verweilt daher noch eine Zeit lang, wo es ist, jedenfalls so lange, bis die Wärme dort angelangt ist. Erst dann beginnt es, zu verdampfen und in Richtung Öl zu marschieren. Solange bleibt Loch schlicht Loch, und da der Wassernachschub von innen fehlt, füllt sich der Kartoffelkrater vollständig mit Öl. Ist das erst einmal geschehen, gilt das Gesetz der Besatzungsmacht: Das Öl bleibt für alle Zeiten dort sitzen und landet früher oder später in unserem Mund. Das beschert uns nicht nur einen öligen Geschmack, sondern auch ein unknusperiges Gefühl. Die riesige Fettmenge auf der Kartoffeloberfläche agiert auch als Weichmacher und Schmiermittel, sodass überhöhte Temperaturen des Frittieröls auch für die Knusperigkeit kontraproduktiv sind. Ja, es stimmt schon: Frittieren ist eine Wissenschaft für sich. So einem quadratisch perfekten Kartoffelstäbchen aus der Supermarktpackung oder der Schnellfressbude sieht man das auf den ersten Blick gar nicht an. Aber Sie schmecken es.

Ach so, Sie mögen gar keine frittierten Kartoffeln. Dann würde ich Ihnen eine Panisse vorschlagen. Original Marseille, also hochgradig südfranzösisch sowie hochgradig physikalisch, die ideale Alternative für Ihr Frittierexperiment. Dazu kochen Sie einen Liter Wasser mit einem Schuss Olivenöl, einem Esslöffel Salz, frisch geriebenem Muskatnuss und schwarzem Pfeffer (wer möchte, noch etwas Cumin) auf und halten 300 Gramm Kichererbsenmehl bereit. Auf genaue Mengenverhältnisse kommt es hier an. Stimmen sie nicht, gibt es später deutliche Konsistenzprobleme. Deshalb der unübliche Zahlensalat. Sobald das Wasser kocht, ziehen Sie es vom Herd, sieben das Kichererbsenmehl ein und rühren ständig um, bis ein glatter Brei entsteht, der nach und nach quillt. Was soll denn das Öl, das hat doch schon bei der Pasta nichts genützt, wo es immer in großen Pfützen an der Wasseroberfläche schwimmt? Klar, aber wenn jetzt das Kichererbsenmehl einrieselt, wird es durch den Ölfilm sinken, die Staubkörner werden mit Öl ummantelt, und schon ist die Gefahr der Klumpenbildung erheblich reduziert. Der Kichererbsenbrei wird daher mit ziemlicher Wahrscheinlichkeit glatt. Dann geben Sie diesen noch flüssigen Teig in eine flache, leicht mit Olivenöl bepinselte Form und streichen ihn zu einer zwei Zentimeter dicken Schicht aus. Jetzt heißt es warten, bis er kalt ist. In dieser Zeit wird das Kichererbsenmehl vollkommen aufquellen. Danach wird der Teig fest, die Proteine der Kichererbsen verbinden sich auf ganzer Linie, und so lässt sich der Kuchen aus der Form heben. Damit er schnittfest wird, sind die Mengenangaben wichtig. Schneiden Sie den Kuchen in mundgerechte Rauten und frittieren Sie diese wie Kartoffeln in heißem Öl. Die Panisse ist viel frittierresistenter als die Pommes frites, denn Sie legen von Beginn an die Wassermenge fest, die das Kichererbsenmehl aufnimmt. Bei Kartoffeln ist der Wassergehalt stark sortenabhängig und wird vor allem durch das Verhältnis Protein zu Stärke bestimmt. Beim Kichererbsenmehl ist die Sache eindeutig, das Wasser wird von den proteinreichen Erbsen festgehalten. So sprudelt und dampft die Panisse im Öl nicht unkontrolliert, sondern gart schön gleichmäßig. Garen ist nicht völlig korrekt, denn durch das Einrühren ins heiße Wasser und anschließendes langes Quellen ist sie eigentlich schon gar. Daher dauert das Frittieren auch allerhöchstens zwei, drei Minuten. Die bei der Kartoffel gefürchteten Krater entstehen auch nicht so häufig, dafür bringt das Frittieren viel Geschmack. Es ist wieder einmal Monsieur Louis Maillard, der Ihnen aus dem Chemikerhimmel freundlich über die Schulter schaut.

Etwas Süßes gefällig?

Wie wäre es einmal mit „îles flottantes“? Äh, was? Îles flottantes (oder oeufs à la neige) – Schwimmende Inseln – gehören vermutlich zu den längst vergessenen Klassikern der französischen Desserts. Sie sind eigentlich aus dem Reich der Resteverwertung entstanden, und wer hatte noch nicht das Problem, dass schon wieder ein Eiweiß übrig geblieben ist, weil nur Eigelb für ein Rezept benötigt wird? Dann gibt es mehrere Möglichkeiten. Entweder Sie basteln Meringuen, besser bekannt als Baisers, oder eben îles flottantes. Sie sind heute nicht mehr sonderlich angesagt. Überhaupt scheint es ein wenig verpönt, sich noch um Klassiker zu kümmern. Damit können ja keine Sterne vom Himmel geholt werden. Derartige Argumente sollen uns aber hier und jetzt nicht jucken, die schwimmenden Inseln bieten immerhin reichhaltigen wissenschaftlichen Stoff. Sowohl die Inseln wie auch das Meer, worauf sie schwimmen. Zuerst zur Insel. Damit etwas richtig schwimmt, muss es entsprechend leicht sein. Eischnee ist sicherlich so luftig und leicht, dass wir damit keine Probleme bekommen. Stabil ist er auch, er hält einiges aus. So lässt er sich unter Teige heben, was einer mechanischen Tortur gleichkommt. Oder er lässt sich im heißen Backofen auf Kuchen als Baiser verbacken. Kochen lässt er sich auch oder sonst irgendwie garen.

Am Vormittag hatten wir uns ja schon ausführlich Gedanken zu Eiern gemacht, nur den Eischnee hatten wir vergessen. Aber wer denkt schon so früh am Vormittag an solche Dinge, dafür hatten wir ja Milchschaum. Und so ein Riesenunterschied ist das nun auch wieder nicht, schon gar nicht für den Physiker, für den Schaum ohnehin immer Schaum ist. Mehr noch, die schaumstabilisierenden Proteine von Ei und Milch sind sich mehr als ähnlich, weshalb auch in manchen Küchenratgebern steht, man könne zum Panieren zur Not einen Löffel Milch nehmen, sollten die Eier einmal ausgegangen sein.

Das Eiklar lässt sich bekanntlich ohne großen Aufwand zu Schaum schlagen. Handmixer, Becher und Eiklar – fertig ist der Schaum. Die Physik dazu ist ganz einfach: Der Handmixer schlägt nicht nur Luft in das Eiklar, das, wir erinnern uns, aus Wasser und Proteinen besteht. Er gibt den Proteinen auch noch ordentlich eins auf die Mütze, sodass sie sich – wie immer – brav entfalten. Da sie aus Aminosäuren bestehen, wissen zwar die wasserliebenden Teile der Proteinkette, wo sie hingehören, nämlich in die Wasserwände zwischen den Luftbläschen. Aber die fettliebenden Kettenabschnitte, was machen die? Auch kein Problem. In der Not frisst der Teufel Fliegen. Wenn gerade kein Fett zur Hand ist, gucken sie eben in die Luft, also in die Bläschen. Immer noch besser als Wasser. Damit sieht die Kette aus wie das Ungeheuer von Loch Ness, das sich mit Teilen seines Schlangenkörpers ins Wasser begibt und andere – so wird wenigstens behauptet – dem Beobachter zeigt. Dieses massive Proteingeschlängle an den Grenzflächen bedingt die außerordentliche Stabilität des Eischnees.

Geschmacklich verträgt der Eischnee alles, was mit „süß" einhergeht. Also muss er während des Schlagens gezuckert werden. Sirup tut's übrigens auch. Sollten Sie also noch etwas von dem Holundersirup in Ihrer Accessoirekammer haben, wäre das keine schlechte Gelegenheit. Vielleicht lassen sich aber auch noch Zitronenzesten einschlagen. Schmeckt hervorragend, ohne säuerlich zu wirken. Und kommt gut, wenn Sie den Eischnee in flüssigem Stickstoff zu kalten Schäumchen fixieren.

Für unser Dessert wollen wir den Schaum zu festen Inseln garen. Das kann man in heißem Wasser oder heißer Milch. Aber Vorsicht! Zwar schwimmen die Inseln auf dem heißen Wasser hervorragend, sie sind ja auch durch das Polster der hydrophoben Teile der Proteine geschützt. Aber heißes Wasser ist eben heiß. Und so kann sich die Luft in den kochwassernahen Bläschen ausdehnen und die Bläschen zum Platzen bringen. Sieht nicht schön aus. Deshalb sind die Garzeiten hier nur sehr kurz. Es gleicht eher einem „Versiegeln“ der äußeren Schichten, was nach 20 bis 30 Sekunden abgeschlossen sein sollte. Dazu muss die Insel immer wieder mit heißem Wasser oder heißer Milch übergossen werden.

Hier ist ein Garen der Inseln in der Mikrowelle von Vorteil. Denn die elektromagnetischen Wellen bringen das Wasser in allen Wänden des Eischneebergs zum Verdampfen, und zwar gleichzeitig, da die Wellen durch den Einschnee dringen. Die Wärme ist also überall zugleich, die Insel gart gleichmäßig, und Wärmeleitungseffekte spielen kaum eine Rolle.

Jetzt fehlt nur noch das Meer, auf dem die fest gewordene Insel schwimmen soll. Der Klassiker ist eine Crème anglaise oder, wenn Sie so wollen, eine Vanillesauce. Aber wie immer in der Küche sind Ihrer Fantasie keine Grenzen gesetzt. So eine Insel kann auf allen sieben Weltmeeren schwimmen, sie ist wegen ihrer Schlichtheit relativ anpassungsfähig. Doch zurück zur Crème anglaise. Dazu kochen Sie Milch und Sahne auf, geben etwas Vanille dazu – Kardamom macht sich in Milch übrigens immer gut –, zuckern noch etwas und rühren im Wasserbad mit dem Schneebesen Eigelb dazu, bis die Proteine des Eigelbs sich entfalten und die Viskosität der Crème erhöhen. Dabei ist das Wasserbad unerlässlich, denn nur dies bringt die Wärme einigermaßen kontrolliert in die Crème. Die Proteinfäden bekommen sich gegenseitig zu fassen und bilden wieder große Verbände, welche die Wassermoleküle und das Fett der Sahne am schnellen aneinander Vorbeifließen hindern. Die Crème wird immer zähflüssiger, was auf Physikerdeutsch heißt: „Die Fäden erhöhen die Strukturviskosität.“ Beim Abkühlen verstärkt sich dieser Effekt deutlich, die thermodynamischen Schubser werden weniger und weniger kraftvoll, die Molekülbewegung verlangsamt sich. Und so wird aus einem Klassiker ein wundersam physikalisches Dessert, das uns die küchenphysikalischen Erkenntnisse auf erstaunliche Art versüßt. Ahoi!

Als weiteres Schmankerl bereiten wir eine Crème aus Himbeeren und Schokolade zu, die Sie, sollte wider Erwarten etwas davon übrig bleiben, ohne Weiteres beim Frühstück auf die Brötchen schmieren können. Die Physik passt wunderbar zum Honig und zu unseren anderen süßen Zuckergeschichten. Hierfür vermengen Sie Himbeerbrei und Zucker im Verhältnis 4:3, geben den Saft einer halben Zitrone dazu und mischen gut durch. Diese Mischung lassen Sie ein, zwei Stunden stehen, damit der Zucker in die Himbeeren eindringen kann, was, wie immer, die Osmose besorgt. Dabei wird diese Masse (um einmal ein unkulinarisches Beispiel aus dem verbreiteten Kochbuchvokabular zu gebrauchen) etwas flüssiger, es bleiben aber noch viele Zuckerkristalle unangetastet und ganz. Kochen Sie den tiefroten Brei samt Zucker sanft auf und geben ein Viertel von der Himbeereinwaage an geriebener Schokolade dazu. Allerdings keine Milchschokolade, sondern gute dunkle Schokolade mit einem Kakaoanteil von 70 bis 80 Prozent. Sie wird sich in der Himbeer-Zucker-Melange auflösen und eine geschmackliche Liaison eingehen, die sich gewaschen hat. Es schadet nichts, diese Crème eine Nacht stehen zu lassen und anderntags noch einmal aufzukochen. Das müssen Sie sowieso machen, wollen Sie sie zu Konfitüre verarbeiten und in sterile Gläser abfüllen. Servieren Sie die Crème halbwarm oder kalt, je nach Großwetterlage. Sie können sie auf kleinen Mürbeplätzchen, die Sie gebacken haben, servieren oder auch als Extrabeigabe auf einem komplexen Dessertteller. Bei Himbeeren finden viele Genießer die kleinen weiß-gelben Körnlein störend. Sollten Sie dazugehören, streichen Sie die Himbeeren vor der ganzen Prozedur durch ein feines Sieb oder durch einen Passoir, der anderswo auch Flotte Lotte heißt.

Die Crème wird bei abnehmender Temperatur fester, was eigentlich kaum der Rede wert ist, hätten wir nicht jetzt schon soviel über Zuckerkristalle, Invertzucker und so weiter erfahren. Selbstverständlich versuchen Zucker und Schokolade wieder auszukristallisieren. Allerdings funktioniert das beim Zucker kaum, denn zum einen liefern die Himbeeren einiges an schlecht kristallisierender Fructose. Zum anderen half das Kochen mit dem bisschen Zitronensaft dem Haushaltszucker auf die Sprünge und spaltete die Disaccharide zu Glucose und Fructose. Die Kakaobutter der Schokolade aber kann kristallisieren. Allerdings ist sie so fein verteilt und in die Himbeer-Zuckercrème emulgiert, dass sich nicht viele Fettsäuren zusammenfinden können, um dicke fette große Kristalle zu bilden. Also können nur winzige Kriställchen entstehen, die sich gleichmäßig in der Crème verteilen und diese wundersame Konsistenz und das herrliche Mundgefühl mit allen eingefangenen Aromen erzeugen. Eine besondere Version des physikalischen Begriffs „Strukturviskosität". Es ist die Feinheit der Schokokristalle und deren Verteilung, die ein derart ungewöhnliches Aromenspiel zwischen Zunge und Gaumen veranstalten, wenn dort die Kristalle langsam schmelzen.

Selbstverständlich hilft auch das Pektin der Himbeere bei der Konsistenz mit. Schon zu Beginn hatten wir angedeutet, dass sich die Crème ohne Weiteres als Konfitüre verkaufen lässt, sofern Sie sie nach dem zweiten Kochen in sterile Gläser füllen. Pektin ist ein sehr langes fadenförmiges Molekül, das im Wesentlichen aus Zuckern besteht und sehr gern Netzwerke bildet, mit denen sich viele Wassermoleküle samt Geschmack einfangen lassen. Das Pektin kommt direkt aus der Himbeere, sodass es völlig überflüssig ist, Pektin in Form von Pülverchen oder Gelierzuckern zuzuführen. Fast jedes Obst (und fast jede Pflanze) hat genug davon mit auf den Weg bekommen, auf dass sich damit jede Konfitüre zaubern lässt, die Ihre kulinarische Fantasie erlaubt. Beim Abkühlen bildet sich das lockermaschige Pektinnetzwerk, das den ganzen Sirup auffängt. Schokokristalle inklusive. Die Struktur der Crème ist bestechend. Ihre Zunge spürt und bestätigt Ihnen das. Und dieser kaum merkliche Mehraufwand im Vergleich zu Gelierzuckern ist dabei völlig unerheblich. Schließlich ist Geschmack nie mit Zeitersparnis in der Küche aufzuwiegen.

Wenn Sie mögen, dürfen Sie die Crème mit etwas Mandelzuckerkrokant servieren. Dazu geben Sie Zucker in eine schwere Pfanne und erwärmen ihn, bis er etwas bräunt. Rühren Sie dann etwas Butter und grob gehackte Mandeln dazu. Rühren Sie weiter, bis sich alle Komponenten verbunden haben, aber nicht dunkel geworden sind. Streichen Sie alles auf einem Backpapier glatt, wobei die Schicht möglichst dünn sein sollte. Stechen Sie mit einer Form kreisrunde Platten aus und lassen den Karamell erkalten. Stimmen das Mengenverhältnis von Butter und Zucker, so wird der Krokant sehr knusprig und klebt nicht an den Händen.

Physikalisch ist das wieder so ein kleiner Hammer ganz zum Schluss des Menüs. Gemäß seiner Molekülverteilung möchte der karamellisierte Zucker kristallisieren. Aber das kann er nicht, da die meisten der Discaccharidmoleküle nach dem Erhitzen fehlen. Es haben sich eine ganze Reihe von

neuen Molekülen gebildet, wie wir an der veränderten Farbe und auch an dem neuen Geruch mit unseren Sinnen erkennen können. Ließen wir den Karamell einfach erkalten, würde er zwar bockelhart werden, aber durchsichtig bleiben. Wie gefärbtes oder verfärbtes Fensterglas. Einzelne Kristalle wären nicht mehr zu erkennen, und seine Lösungseigenschaften wären sehr, sehr schlecht. Nur mühsam löst sich der glasige Karamell in Wasser auf. Wie, glasig? Tatsächlich spricht viel dafür, dass dieser harte Karamell viele Eigenschaften einer glasig erstarrten Masse besitzt. Er ist weitgehend amorph, spröde und bricht in beliebige Richtungen, wie das bei berstendem Glas auch der Fall ist. Wie sollen die vielen unterschiedlichen Moleküle sich zu einem regelmäßigen Kristallgitter zusammenfinden? Sie stören sich gegenseitig sehr: Da streckt einmal das eine seinen sperrigen Arm in die Gegend, das andere womöglich seinen Benzolring, der sich beim Karamellisieren gebildet hatte. Und bevor sich alle passenden Kameraden tatsächlich gefunden haben, ist schon alles passiert: Der Karamell ist erstarrt, und an die Suche eines passenden Partners zwecks Bildung eines Kristalls ist mangels ausreichenden Auslaufs oder besser mangelnder Freiheitsgrade gar nicht mehr zu denken.

Aber da wären ja noch Butter und Mandeln. Über ihre leichte Bräunung liefern Mandeln vorwiegend Geschmack: den beliebten Geruch gebrannter Mandeln, der viele auf die Jahrmärkte treibt. Sie liefern aber auch Struktur und jenes krokantige Mundgefühl, weswegen wir diese ganze Aktion überhaupt gestartet hatten. Aus wissenschaftlicher Sicht ist Butter wichtiger. Sie besteht aus ca. 82 Prozent Fett, und das mag Zucker überhaupt nicht. Aber durch die hohe Temperatur in der Pfanne bleibt der Butter gar nichts anderes übrig, als in die Karamellmasse zu emulgieren. Außerdem entstehen bei dem Karamellisierungsprozess viele hydrophobe und damit fettliebende Komponenten. Die fein verteilten Fetttröpfchen wirken jetzt aber wie ein „Weichmacher" und geben dem Karamell eine gewisse Geschmeidigkeit, die wir von Karamellbonbons (in ihnen ist auch noch jede Menge Sahne enthalten) her kennen. Somit ist das Fett für die Struktur des Karamells überaus wichtig. Ein Zuviel davon, und die Fetttropfen geraten zu groß. Wir spüren sie sofort an unseren Fingern. Dies würde auch die Struktur so weit zerstören, dass ein knuspriges Krokanterlebnis automatisch ausbliebe.

Und jetzt? Die Teller sind leer, die Gläser bis zur Neige geleert, und wir sind satt und sehr glücklich. Und sehr, sehr müde. Vor allem zu müde für den Abwasch, der trotz seiner eher langweiligen Natur mit einer Vielzahl von spannenden physikalischen Vorgängen einherginge. Riefe da nicht das Bett! Gute Idee, morgen ist ja auch noch ein Tag, und der beginnt ebenso physikalisch. Es wird – schon beim ersten Öffnen der Milchflasche – wieder knackig, und ratzfatz sind wir wieder mittendrin, in der Wissenschaft …